W0257322

Die „Sammlung Vieweg" hat sich die Aufgabe gestellt, Wissens- und Forschungsgebiete, Theorien, chemisch-technische Verfahren usw., die im Stadium der Entwicklung stehen, durch zusammenfassende Behandlung unter Beifügung der wichtigsten Literaturangaben weiteren Kreisen bekanntzumachen und ihren augenblicklichen Entwicklungsstand zu beleuchten. Sie will dadurch die Orientierung erleichtern und die Richtung zu zeigen suchen, welche die weitere Forschung einzuschlagen hat.

Prospekte über die lieferbaren und in Vorbereitung befindlichen Hefte stehen zur Verfügung.

# Sintereisen

Seine Herstellung
nebst gesammelten Erfahrungen

Von

Oberingenieur **Theodor Hövel**
Salzgitter

Mit 49 Abbildungen

FRIEDR. VIEWEG & SOHN, BRAUNSCHWEIG
1948

ISBN 978-3-663-01003-6     ISBN 978-3-663-02916-8 (eBook)
DOI 10.1007/978-3-663-02916-8



Gesamtherstellung: Schloß-Buchdruckerei, Braunschweig

# VORWORT

Das vorliegende Buch ist aus dem Bedürfnis heraus entstanden, allen denjenigen, die infolge der heutigen Bedeutung des Sintereisens gezwungen sind, sich mit diesem Werkstoff zu beschäftigen, einen kurzen Überblick über seine Herstellung zu geben. Es ist aber auch der Wunsch des Verfassers, durch die Veröffentlichung der im Kriege und auch schon in der Nachkriegszeit gesammelten Erfahrungen dem Fachmann manche neue Anregung zu geben.

Es ist mir noch ein besonderes Bedürfnis, an dieser Stelle der AG. für Bergbau und Hüttenbedarf Salzgitter, bei der diese Versuche durchgeführt wurden, für ihre Unterstützung zu danken, durch die es allein möglich war, das Buch zum Erscheinen zu bringen.

Salzgitter, im Oktober 1948.

**Der Verfasser**

# INHALTSVERZEICHNIS

# EINLEITUNG

### Rückblick und Vorausschau

Die Herstellung von Sintereisen hat besonders in den letzten Jahren des Krieges einen gewaltigen Aufschwung genommen. Diesen verdankt es einmal seinen günstigen physikalischen Eigenschaften, durch die es befähigt ist, als Austauschwerkstoff für Sparmetalle eingesetzt zu werden, und zwar nicht nur als minderwertigen Ersatz, sondern in vielen Fällen auch als gleichwertigen oder sogar überlegenen Werkstoff. Es sei hier z. B. an die hervorragenden Notlaufeigenschaften des porösen ölgetränkten Sintereisenlagers erinnert. Ferner hat zu seiner schnellen Verbreitung auch die immer mehr vervollkommnete Preßtechnik beigetragen, die es in vielen Fällen ermöglicht, Gegenstände ganz spanlos herzustellen oder wenigstens so, daß ein großer Teil der Bearbeitung gespart wird.

Der monatliche Verbrauch an Eisenpulver kann in der letzten Zeit des Krieges mit etwa 3000 Tonnen geschätzt werden, wovon der größte Teil auf die Fertigung der Führungsringe entfiel. Wenn nun auch durch die Umstellung auf Friedenswirtschaft zunächst ein gewaltiger Rückgang in der Fertigung zu verzeichnen ist, so sind doch schon Anzeichen dafür vorhanden, daß die Weiterentwicklung sowohl in der Eisenpulvererzeugung als auch in der Preßtechnik ihren Fortgang nimmt. Und gerade die Umstellung zum Pressen ganz anders gearteter Gegenstände gibt zur Lösung neuer Probleme Anregung.

### Kurzer Werdegang eines Sintereisenkörpers

Zum allgemeinen Verständnis sei vorher erwähnt:

Ein Sintereisenkörper entsteht, indem man geglühtes Eisenpulver in die gewünschte Form preßt und dann den dieser Form entnommenen Rohling, der schon eine gewisse Festigkeit besitzt, sintert, daß heißt bei einer Temperatur von etwa $1100^0$ glüht. Sowohl das Glühen des Eisenpulvers als auch das Sintern des Rohlings geschieht unter Schutzgas. Dieses hat im ersteren Fall den Zweck, eine stattgefundene Oxydation zu beseitigen und im zweiten Falle eine solche zu verhüten.

# I. DIE EISENPULVER

## 1. Herstellungsverfahren der gebräuchlichsten Pulversorten

### a) Das Hametagverfahren

Die Eigenschaften eines Sintereisenkörpers sind von vielen Umständen abhängig, wie z. B. von der Kornzusammensetzung des Pulvers, vom Preßdruck und der damit verbundenen Dichte, von der Sintertemperatur, der Sinterzeit usw. Einen wesentlichen Einfluß übt aber das verwendete Eisenpulver aus, das auf verschiedene Arten hergestellt werden kann, von denen die gebräuchlichsten kurz beschrieben werden sollen.

Der weitaus größte Teil des bisher verbrauchten Eisenpulvers wurde nach dem Hametag- (Hartstoffmetall AG.-) Verfahren hergestellt. Es ist dieses zwar ein etwas umständliches, aber sehr zuverlässiges Verfahren, das ein sehr gleichmäßiges Pulver liefert. Als Ausgangsprodukt wird ein 2 mm starker Eisendraht mit etwa 0,08 % Kohlenstoff verwendet. Dieser wird auf Hackmaschinen zu etwa 1 cm langen Stücken zerkleinert, die dann in den sogenannten Hametagmühlen zu Eisenpulver zermahlen werden. In ihnen wird das aufgegebene Mahlgut von sehr schnell rotierenden Schlägerpaaren erfaßt und gegen die mit Mangan-Hartstahl gepanzerten Wände des Mühlengehäuses geschlagen, bis die einzelnen Drahtstückchen zu einem feinen Eisenpulver geworden sind. Dieser Vorgang wird durch die gegenseitige Reibung der einzelnen Körner untereinander noch beschleunigt. Durch einen in der Mühle erzeugten mehr oder weniger starken Luftzug hat man es in der Hand, ein feineres oder gröberes Pulver abzusondern.

Zur Beschickung der Mühle ist sowohl Thomas- als auch SM-Stahl verwendet worden. Beim Thomasstahl machte sich jedoch ein etwas größerer Verschleiß der aus Manganhartstahl bestehenden Schläger bemerkbar. Die Schläger konnten aber an Stelle des später immer schwieriger zu beschaffenden Manganstahles mit gutem Erfolg auch aus gehärtetem Kohlenstoffstahl (St 60. 11.) hergestellt werden. In Ermangelung des vorher schon erwähnten Ausgangsproduktes, des 2 mm Eisendrahtes, benutzte man in der letzten Zeit des Krieges auch Stanzblechabfälle.

2

Die Leistung einer Hametagmühle beträgt etwa 5 bis 6 kg/Stunde.
Abb. 1 zeigt eine Reihe solcher Mühlen im Betrieb.

Die einzelnen Mühlen sind links und rechts des Ganges aufgestellt.
Sie werden von oben aus von einer Galerie mittels einer kleinen
Handhängebahn, die die zerkleinerten Drahtstückchen heranschafft,
beschickt. Das fertige Pulver wird in den links unten ersichtlichen
pyramidenförmigen Gefäßen aufgefangen.

Abb. 1. Hametagmühlen

Wenn nun auch das Bild die Einzelheiten einer Mühle nicht erkennen läßt, so zeigt es doch, in welchem Umfange dieses Verfahren
bereits durchgeführt wurde. Allein bei den Reichswerken liefen
hiervon über 350 solcher Mühlen.

Die Siebanalyse. Das den Mühlen entnommene Pulver wird
nach Korngrößen abgesiebt und nach einer festgelegten Siebanalyse
wieder zusammengestellt. Eine solche Siebanalyse ist erforderlich,
damit immer ein einigermaßen gleichmäßiges Pulver zur Verwendung
kommt, da die mechanischen Eigenschaften des fertigen Preßlings in
hohem Maße von der Körnung des Pulvers abhängig sind.

Während man, wenigstens für Führungsringe, zunächst ein
Pulver verwendete, dessen Korngröße zwischen 0,3 und 0,06 mm lag,
ging man später dazu über, den bisher als Abfall anfallenden Staub
$< 0,06$ mm mit zu verwenden, da gerade dieser die guten Festigkeiten
gibt. Diese Erweiterung der Analyse nach unten machte zum Aus-
gleich aber gleichzeitig eine Erweiterung nach oben erforderlich, da

sonst das mehr nach fein hin verlagerte Pulver beim späteren Sintern sehr zum Schwinden neigt. Es hat sich dann hierbei folgende Analyse als Norm herausgebildet:

| Korngröße mm | Anteil % |
|---|---|
| $> 0,4$ | 0— 7 |
| 0,4—0,3 | 10—20 |
| 0,3—0,15 | 25—35 |
| 0,15—0,06 | 30—45 |
| $< 0,06$ | 10—20 |

Nach einer im Sommer 1947 von der Fachabteilung Eisenpulver-erzeugung im Fachverband Pulvermetallurgie festgelegten Analyse ist diese etwas vereinfacht worden. Sie unterscheidet bei einem auf einem Sieb mit einer Maschenweite von 0,4 mm abgesiebten Pulver nur noch zwei Korngrößen, nämlich die kleiner als 0,15 mm und die größer als 0,15 mm.

Die Verbands-Siebanalyse lautet:

| Korngröße mm | Anteil % |
|---|---|
| $> 0,4$ | $< 5$ |
| 0,4—0,15 | $< 50$ |
| $< 0,15$ | $< 75$ |

Der Anteil bis zu 5 % größer als 0,4 mm kann als Ausreißer gewertet werden.

Beim Pressen gewisser Gegenstände, besonders kleinerer, kann es vorkommen, daß man nur ein auf ein kleineres Korn abgesiebtes Pulver verwendet. Beim Absieben einzelner Korngrößen muß dieses im ungeglühten Zustande erfolgen, da sonst die einzelnen Körner durch das Glühen zusammenkleben und somit falsch einklassiert werden.

Einfluß der Siebanalyse auf die Festigkeit des fertigen Preßlings. Wie schon erwähnt, sind die Festigkeiten des fertigen Preßlings sehr von der Kornzusammensetzung des verwendeten Pulvers abhängig. Im allgemeinen liegen sie um so höher, je feinkörniger das Pulver ist. Über die Abhängigkeit zwischen

Festigkeit und Korngröße sind von Dr. Eisenkolb [1]) eingehende
Versuche durchgeführt worden, deren Ergebnisse in der Abb. 2 zu
einem Diagramm zusammengestellt sind (fettgedruckte Linie). Es
handelt sich bei diesen Versuchen um Hametagpulver, bei dem einzelne Korngrößen zur Untersuchung herausgesiebt wurden. In der
Praxis werden heute gewöhnlich nur die groben Körner nach oben
hin abgesiebt, da gerade das feine Pulver in den meisten Fällen zur
Ausfüllung der größeren Poren wichtige Dienste leistet.

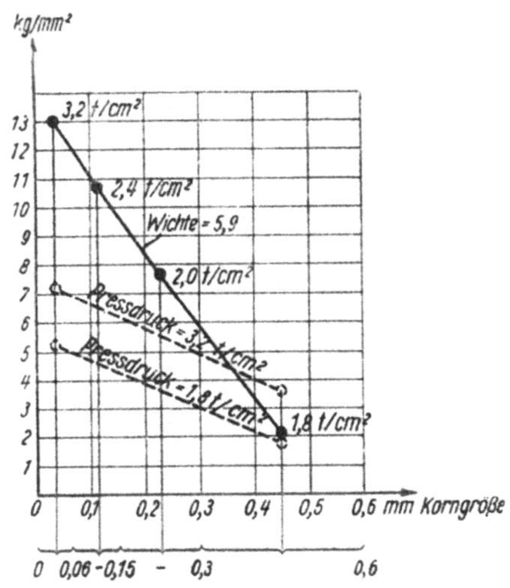


Abb. 2. Einfluß der Korngrößen auf die Festigkeiten des fertigen Preßlings

Die Versuchskörper sind alle auf eine Dichte von 5,9 g/cm³ gepreßt. Bei der Beurteilung der Kurve ist aber zu berücksichtigen,
daß das feinere Pulver zwar eine weitaus höhere Festigkeit ergab,
daß aber auch der Preßdruck zur Erreichung der gleichen Wichte
von 1,8 t/cm² auf 3,2 t/cm² erhöht werden mußte. Interessant wäre
es beispielsweise zu erfahren, welche Festigkeit das feinste Pulver
ergeben hätte, wenn es ebenfalls mit dem Druck von 1,8 t/cm² verpreßt worden wäre.

Zu diesem Zweck gepreßte Versuchskörper in Form von Ringen
mit den Abmessungen 44/20 mm Durchmesser haben dann bei den

---

[1]) Stahl und Eisen 5/6, 1947.

5

erwähnten beiden Korngrößen eine Festigkeitssteigerung von
1,84 kg/mm² auf 5,11 kg/mm² gebracht, wobei sich das spezifische
Gewicht von 5,5 auf 5,3 änderte. Bei der Verwendung eines Druckes
von 3,2 t/cm² ergab sich bei dem groben Pulver eine Festigkeit von
3,62 kg/mm² und bei dem feinen eine solche von 7,33 kg/mm² mit den
spezifischen Gewichten 6,2 bzw. 6,05. Diese Werte sind gestrichelt
in die Abb. 2 eingetragen.

Abb. 3. Schwingsiebe

(Es handelt sich bei den angegebenen Werten um Durchschnitts-
zahlen von je drei Versuchswerten, deren Unterschiede innerhalb der
üblichen Streuung bei Sintereisen lagen.)

Erwähnt soll noch werden, daß solche Werte sehr von der Form
des Probestabes abhängig sind. So wurden z. B. erst Versuche an
Ringen durchgeführt mit den Abmessungen 53/43 mm Durchmesser.
Bei diesem verhältnismäßig kleinen Querschnitt trat aber die Reibung
so stark in den Vordergrund, daß sich das grobe Pulver, mit 1,8 t/cm²
Druck verpreßt, überhaupt nicht zu einem zusammenhängenden
Körper aus der Form herausstoßen ließ.

6

Es ergaben sich bei diesen Probekörpern folgende Werte:

| Korngröße mm | Preßdruck t/cm² | Festigkeit kg/mm² | Spez. Gewicht g/cm³ |
|---|---|---|---|
| $>0,3$ | 1,8 | — | — |
| $>0,3$ | 3,2 | 1,37 | 5,8 |
| $<0,06$ | 1,8 | 3,62 | 5,0 |
| $<0,06$ | 3,2 | 8,9 | 5,9 |

Man sieht also, daß die Festigkeit sehr durch die Form des Probekörpers beeinflußt wird. Eine Normung für Sintereisenzerreißstäbe wäre daher sehr zu begrüßen.

Das Absieben des Pulvers geschieht meistens in Schwingsieben, die gleichzeitig mehrere Korngrößen auf einmal sortieren, die dann, wie Abb. 3 zeigt, in den darunterstehenden Fässern gesammelt werden.

Das Wiedermischen der einzelnen Körnungen zur Einhaltung der Siebanalyse erfolgt dann in rotierenden Mischtrommeln.

## b) Das DPG-Verfahren

Während also beim Hametagverfahren von einem Fertigprodukt ausgegangen wird, das, wie der Draht, schon mehrere Arbeitsgänge, wie Gießen, Walzen, Ziehen usw., hinter sich hat, verarbeitet das DPG-Verfahren, das Verfahren der Deutschen Pulvermetallurgischen Gesellschaft, sofort den noch flüssigen Stahl, der entweder in einem Hochfrequenzofen oder in einer Bessemerbirne erschmolzen wird. Hierbei fällt der aus einem Tiegel aus einer etwa 6 mm starken Düse austretende hocherhitzte Stahlstrahl nach kurzer Abkühlung und Granulierung in einem Druckwasserkegel auf eine sehr schnell rotierende Scheibe, die mit mehreren Messern versehen ist und die Körner in feinste Teilchen zerstäubt. Der so erzeugte Eisenstaub wird dann in einem Wasserbad oder sonstigem Gefäß aufgefangen. Durch Ändern der Geschwindigkeit der rotierenden Scheibe oder der Anzahl der auf ihr enthaltenen Messer kann ein feineres oder gröberes Pulver erzeugt werden. Es nennt sich dieses das DPG-S-(Schleuder-) Pulver.

Dieses Verfahren ist sehr leistungsfähig. Es liegen Angaben vor, nach denen mit einer Scheibe in einer Stunde etwa eine Tonne Eisenpulver erzeugt werden kann.

Von den Deutschen Eisenwerken wird neuerdings ein DPG-SC-(Schleuder-Kohlenstoff-) Pulver hergestellt, bei welchem das an Kohlenstoff reichere Stahlpulver zu Weicheisen gefrischt wird, wodurch eine lockere Struktur entsteht.

### c) Das Mannesmannverfahren

Ebenfalls von einem flüssigen Stahl geht das Mannesmannverfahren aus. Ursprünglich wurde hierbei das aus dem Tiegel austretende flüssige Weicheisen durch einen Dampfstrahl zerstäubt. Das so erhaltene Pulver entsprach aber wenig den Anforderungen.

An seine Stelle trat dann das Mannesmann-RZ- (Roheisenzunder-) Verfahren, welches einen hochkohlenstoffhaltigen Stahl durch einen Preßluftstrahl zerstäubt. Hierbei wird die durch die Preßluft hinzugeführte Sauerstoffmenge dem vorhandenen Kohlenstoff angepaßt, um dadurch die gewünschte Verbrennung und somit den gewünschten Kohlenstoff im fertigen Pulver zu erhalten. Die zerstäubten brennenden Körnchen werden dann in einem Wasserbad abgeschreckt. Es entsteht dadurch bei jedem Körnchen ein massiver Kern, umgeben von einer Zunderschicht, welche bei dem nachfolgenden Reduktionsglühen eine schwammige Masse annimmt. Das Pulver besitzt daher sehr gute Preßeigenschaften.

### d) Das Linzerverfahren

Noch wenig bekannt ist das sogenannte Linzerpulver, ein Reduktionspulver, das von der Stadt Linz her seinen Namen trägt, wo es von den Reichswerken entwickelt und auch schon mit einer Fertigung von monatlich 250 Tonnen hergestellt wurde. Die ersten Anfänge der Entwicklung reichen auf das Jahr 1943 zurück.

Das Ausgangsmaterial ist hier Walzensinter, Ziehsinter oder Hammerschlag, also ein Abfallprodukt bei der Stahlverarbeitung. Dieser Sinter wird, wenn er getrocknet ist, in Kugelmühlen zerkleinert und von allen nichtmagnetischen Unreinigkeiten auf Magnetabscheidern gesäubert. Das so erhaltene Produkt wird unter Beimischung von Sulfidablauge als Bindemittel und zerkleinerter Stein- oder Schwellkohle als Reduktionsmittel zu Briketts, und zwar in Form der üblichen Eierbriketts gepreßt und in einem halbkontinuierlich arbeitenden Vertikalkammerofen reduziert.

Die Beschickung dieses Ofens geschieht ähnlich wie bei einem Hochofen schichtweise mit den Sinterbriketts und mit Koksgrieß, welch letzterer ein Zusammenbacken der Briketts beim Reduzieren verhindern soll. Als gasförmige Reduktionsmittel dienen Gicht- oder Generatorgase, die in einer in dem unteren Teil des Ofens angebrachten Kühlzone eingeführt werden. Durch diese Kühlzone wird gleichzeitig eine Abkühlung des Sintergutes und eine Vorwärmung der Reduktionsgase erreicht.

In demselben Maße, in dem nun unten das fertig reduzierte Produkt durch ein Zellenrad und eine Gasschleuse entnommen wird, wird der Ofen oben nachgefüllt.

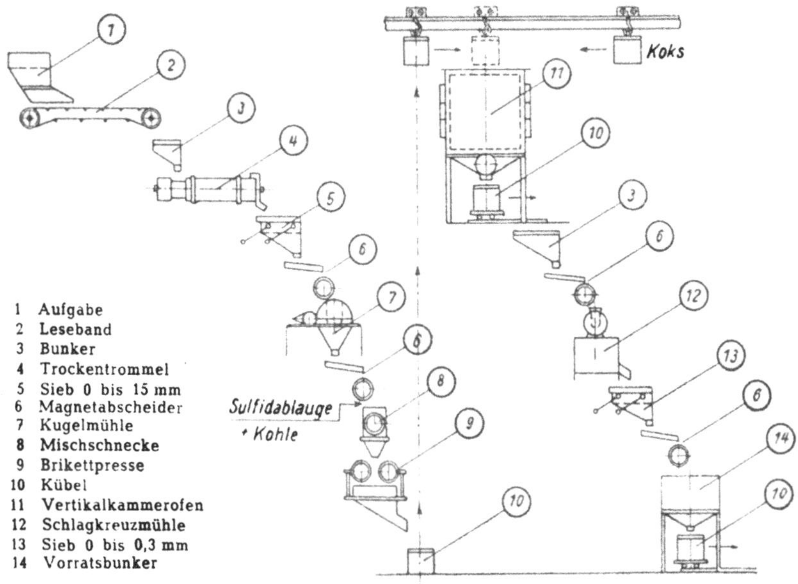


1 Aufgabe
2 Leseband
3 Bunker
4 Trockentrommel
5 Sieb 0 bis 15 mm
6 Magnetabscheider
7 Kugelmühle
8 Mischschnecke
9 Brikettpresse
10 Kübel
11 Vertikalkammerofen
12 Schlagkreuzmühle
13 Sieb 0 bis 0,3 mm
14 Vorratsbunker

Abb. 4. Linzerverfahren

Nach nochmaligem Zerkleinern in Schlagkreuzmühlen und Reinigen auf Magnetabscheidern ist das Pulver dann nach Absieben auf eine gewünschte Korngröße versandfertig.

Abb. 4 zeigt die Entstehung dieses Pulvers mit all seinen Werdegängen in schematischer Darstellung. Da die einzelnen Maschinenaggregate von verschiedener Leistungsfähigkeit sind, kann es notwendig werden, zwischen den einzelnen Arbeitsgängen noch Zwischenbunker einzuschieben. Andererseits wird es möglich sein, beispielsweise ein und denselben Magnetabscheider nacheinander für mehrere Abscheidungen zu verwenden.

Die Bedeutung des Reinheitsgrades. Eine wesentliche Rolle spielt bei dem Linzerverfahren das Reinigen des Pulvers auf Magnetabscheidern, da die Güte hierdurch ganz wesentlich beeinflußt wird. Es wurden deswegen auch umfangreiche Versuche angestellt, um bei den verschiedenen Korngrößen die günstigste Magnettrommelgeschwindigkeit zu ermitteln und um durch Windsichtung die Qualität noch zu steigern. Ausschlaggebend für die Güte des fertigen Pulvers ist der Gehalt an reinem Eisen, der durch die mechanische Säuberung auf etwa 95 % gebracht werden kann und der durch das vor dem Pressen noch notwendige Reduktionsglühen auf 97 bis 98 % zu bringen möglich ist.

Wie der Reinheitsgrad die Festigkeitseigenschaften des Preßlings beeinflußt, wurde an Zerreißstäben ermittelt, die aus Eisenpulver mit verschiedenem Fe-Gehalt, aber sonst unter gleichen Bedingungen gepreßt und gesintert wurden. Die Zerreißversuche zeigten folgendes Ergebnis:

| Nr. | Fe-Gehalt %/ | Zerreißfestigkeit kg/mm² |
| --- | --- | --- |
| 1 | 90,8 | 1,97 |
| 2 | 94,8 | 5,68 |
| 3 | 97,2 | 5,61 |
| 4 | 97,6 | 6,50 |
| 5 | 99,4 | 8,81 |

Die Festigkeit steigt also fast in dem gleichen Maße, in dem der Reinheitsgrad zunimmt.

Pulveranalysen. Im folgenden sollen noch einige Gesamtanalysen angegeben werden, die sich bei der Herstellung von Linzerpulver aus zwei verschiedenen Ausgangsprodukten, nämlich einem verhältnismäßig reinen Peiner Drahtsinter und einem sehr verunreinigten Donawitzer Walzensinter in der Fertigung ergeben haben.

Die Analysen lassen erkennen, daß das Verfahren schon so vollkommen ist, daß die Unreinigkeiten des Ausgangsproduktes das Endergebnis nicht mehr beeinflussen. Es kann dabei natürlich notwendig werden, daß das unreine Gut die Magnettrommel einmal mehr passieren muß.

| Peiner Drahtsinter | | Donawitzer Walzensinter | | |
| --- | --- | --- | --- | --- |
| Vor dem Glühen | Nach dem Glühen 1100° | Vor dem Glühen | Nach dem Glühen | |
| | | | 1050° | 1100° |
| % | % | % | % | % |
| Fe    96,4 | 97,5 | 95,6 | 97,0 | 97,1 |
| C     0,41 | 0,27 | 0,46 | 0,16 | 0,12 |
| Mn    0,32 | 0,25 | 0,53 | — | — |
| P     0,05 | 0,05 | 0,38 | — | — |
| S     0,409 | 0,26 | 0,405 | 0,333 | 0,335 |
| Oxyde 0,66 | 0,40 | 1,04 | — | — |

D i e  B e d e u t u n g  d e s  S c h w e f e l g e h a l t e s. Bei der Betrachtung der im vorigen Abschnitt aufgeführten Analysen fällt ein verhältnismäßig hoher Schwefelgehalt auf, der dem Linzerpulver eigen ist und von der als Bindemittel bei der Brikettierung der Sinterbriketts dienenden Sulfitablauge herrührt. Er beträgt bei dem ungeglühten Pulver etwa 0,4 % und nach dem Glühen bei dem preßfertigen Pulver noch etwa 0,25 bis 0,35 %. Bei den übrigen Pulversorten kann mit einem Schwefelgehalt von dem eines normalen Stahles, also mit etwa 0,04 % gerechnet werden.

Da nun ein so hoher Schwefelgehalt bei den üblichen Baustählen wegen seiner zur Warmbrüchigkeit neigenden Eigenschaft ängstlich gemieden wird, traten zunächst auch beim Sintereisen Bedenken auf, ob sich dieser nicht auch hier in irgendeiner Weise unangenehm bemerkbar machen würde. In dieser Richtung durchgeführte Versuche haben aber nichts Nachteiliges gezeigt.

Die Versuche wurden mit verschiedenen Pulversorten durchgeführt, bei denen der Schwefelgehalt durch Beimischen verschiedener Bindemittel bei der Brikettierung variiert wurde. Es wurden einmal aus Preßlingen herausgearbeitete Zerreißstäbe ($3 \times 6$ mm) verwendet, die alle mit gleichem Druck (6 t/cm²) und ein andermal 20 mm Ringe, die alle auf gleiche Dichte gepreßt waren. Die Ergebnisse sind aus der folgenden Tabelle zu ersehen.

Nach einer Patentanmeldung von Dr. B o t h f e l d vom Juli 1938 wird absichtlich dem Eisenpulver Eisensulfid zugesetzt, um durch den höheren Schwefelgehalt die Qualität der Erzeugnisse zu verbessern. Nach Versuchen, die im Institut für Eisenhüttenkunde an der Technischen Hochschule in Aachen durchgeführt wurden, soll sich bei einer Zumischung von 0,25 bis 0,50 % Eisensulfid eine durch-

12

| Nr. | Bindemittel | | | | | | Analysen des verpießten Pulvers | | | | | | | | | Spez. Gewicht | Zerreißfestigkeit bei gleichem | |
| --- | Sägemehl | Dextrin | Steinkohle | Pech | Sulfidablauge | | Fe | C | Mn | P | S | SiO₂ | MgO | CaO | Al₂O₃ | | Druck (Stäbe) | Volumen (Ringe) |
| | | | | | | | $\%$ | $\%$ | $\%$ | $\%$ | $\%$ | $\%$ | $\%$ | $\%$ | $\%$ | g/cm³ | kg/mm² | kg/mm² |
| I | × | × | | | | ungegl. | 93,7 | 0,12 | 0,52 | 0,05 | 0,07 | 1,10 | 0,57 | 0,50 | 0,70 | 5,35 | 4,16 3,75 5,05 } 4,3 | |
| | | | | | | gegl. | | 0,03 | | | 0,06 | | | | | | | |
| II | × | × | × | | | ungegl. | 95,8 | 0,34 | 0,50 | 0,05 | 0,09 | 1,25 | 0,58 | 0,50 | 0,74 | 5,81 | 4,83 5,72 4,70 } 5,1 | |
| | | | | | | gegl. | | 0,04 | | | 0,08 | | | | | | | |
| III | × | | | × | | ungegl. | 93,6 | 0,33 | 0,45 | 0,05 | 0,07 | 1,20 | 0,56 | 0,50 | 0,72 | 5,42 | 1,87 2,57 1,55 } 2,0 | 14,4 13,3 } 13,8 |
| | | | | | | gegl. | | 0,04 | | | 0,06 | | | | | | | |
| IV | | | × | × | | ungegl. | 95,8 | 0,67 | 0,43 | 0,05 | 0,18 | 1,30 | 0,67 | 0,39 | 0,69 | 5,94 | 3,39 5,56 4,05 } 4,3 | |
| | | | | | | gegl. | | 0,12 | | | 0,17 | | | | | | | |
| V | | | × | | × | ungegl. | 93,9 | 0,29 | 0,48 | 0,04 | 0,30 | 1,25 | 0,60 | 0,33 | 0,70 | 5,76 | 5,98 3,55 4,10 } 4,5 | 15,2 16,0 } 15,6 |
| | | | | | | gegl. | | 0,09 | | | 0,28 | | | | | | | |
| Hametagpulver | | | | | | ungegl. | | 0,05 | | | 0,04 | | | | | 6,74 | 14,5 15,1 } 14,7 | 12,0 15,2 } 13,6 |
| | | | | | | gegl. | | 0,07 | | | 0,03 | | | | | | | |

schnittliche Verbesserung der Festigkeitswerte von 10 bis 20 % ergeben, wobei die Dehnungswerte eine gleichmäßige Steigerung erfahren.

Eine Festigkeitssteigerung von 10 bis 20 % liegt aber noch innerhalb der bei Sintereisen immer auftretenden starken Streuung. Es können also hier nur Durchschnittswerte von vielen Proben zu einer Beurteilung herangezogen werden.

Eine Reihe solcher Versuche wurde daher noch einmal durchgeführt, und zwar mit einem auf 0,15 mm abgesiebten Hametagpulver, das durch Beimischen von Eisensulfid auf vier verschiedene Schwefelgehalte gebracht wurde.

Erste Versuchsreihe

Einmal gepreßte und gesinterte Zerreißstäbe

| Sorte Nr. | Schwefel- gehalt % | Zerreiß- festigkeit kg/mm² | Mittelwert kg/mm² | Dehnung % | Mittelwert % |
|---|---|---|---|---|---|
| I | 0,064 | 10,6<br>11,6<br>13,3<br>13,3<br>9,6<br>8,0<br>12,8 | 11,2 | 2,06<br>—<br>3,76<br>—<br>2,08<br>2,70<br>2,92 | 2,70 |
| II | 0,088 | 12,3<br>11,5<br>10,9<br>12,6<br>11,7<br>12,0<br>11,1 | 11,7 | 3,32<br>3,32<br>2,91<br>2,93<br>3,32<br>3,11<br>3,11 | 3,15 |
| III | 0,129 | 10,1<br>10,4<br>12,1<br>10,7<br>10,8<br>13,1<br>11,6· | 11,2 | 2,70<br>2,70<br>—<br>2,70<br>3,11<br>4,60<br>3,75 | 3,26 |
| IV | 0,320 | 12,3<br>10,2<br>11,9<br>11,0<br>9,7<br>11,6<br>11,7 | 11,2 | 3,54<br>3,96<br>4,59<br>—<br>—<br>3,54<br>3,54 | 3,84 |

## Zweite Versuchsreihe

Zweimal gepreßte und gesinterte Zerreißstäbe. Die Probestäbe wurden der ersten Versuchsreihe entnommen

| Sorte Nr. | Zerreißfestigkeit kg/mm² | Mittelwert kg/mm² | Dehnung % | Mittelwert % |
|---|---|---|---|---|
| I | 21,2<br>21,6<br>21,6<br>21,6 | 21,4 | —<br>5,8<br>5,6<br>6,0 | 5,8 |
| II | 20,6<br>21,7<br>22,3<br>21,0<br>21,0 | 21,2 | —<br>—<br>—<br>4,7<br>— | 4,3 |
| III | 20,7<br>21,6<br>19,3<br>18,5<br>21,8 | 20,3 | —<br>7,5<br>4,9<br>—<br>— | 6,2 |
| IV | 19,8<br>21,1<br>18,7<br>21,2<br>21,6 | 20,3 | —<br>5,5<br>—<br>—<br>4,5 | 5,0 |

Die in eine Form fertig gepreßten Zerreißstäbe hatten Abmessungen von $6 \times 6 \times 60$ mm. Der Preßdruck betrug bei allen 4,6 t/cm². Eine zweite Versuchsreihe wurde mit zweimal gepreßten (zweiter Preßdruck $= 6$ t/cm²) und gesinterten Stäben durchgeführt. Die Versuchsergebnisse sind in den beiden vorhergehenden Tabellen zusammengestellt.

Eine Erhöhung der Zerreißfestigkeit konnte also in beiden Versuchsreihen nicht festgestellt werden. Für die Dehnung ist zwar in der ersten Versuchsreihe eine dem steigenden Schwefelgehalt entsprechende Besserung zu verzeichnen. Die Dehnungswerte der zweiten Versuchsreihe können zur Beurteilung nicht herangezogen werden, da die Stäbe zu häufig außerhalb der Meßstrecke gerissen sind.

Zur endgültigen Beurteilung wäre die Wiederholung mehrerer Versuchsreihen erforderlich.

### e) Das Vogtverfahren

Das Vogtpulver ist eines der ältesten Pulver. Es begann schon 1934 seine Entwicklung. Das Verfahren geht von dem schwedischen Högenäs-Eisenschwamm aus, welches durch Aufbereiten und Magnetabscheidungen auf den gewünschten Reinheitsgrad gebracht wird. Um von dem schwedischen Eisenschwamm frei zu werden, wurde später als Ausgangsprodukt Walzensinter verwendet, der in einfachen Kammeröfen reduziert und dann wieder aufbereitet und auf Magnetabscheidern gesäubert wurde. Vogt stellte nach seinem Verfahren im Jahre 1943 etwa 250 t monatlich her.

### f) Andere Verfahren

Es wurden auch schon Versuche angestellt, um unmittelbar aus Eisenerz durch Stufenröstung und Magnetabscheidungen und darauffolgendes Reduzieren ein brauchbares Pulver zu erhalten.

Die Vereinigten Deutschen Metallwerke entwickelten ein chemisches Verfahren, das auf die Zersetzung von Eisensalzen und Beizlauge, die als Abfallprodukt in den Beizereien anfällt und nachheriger Oxydation beruht.

Der Vollständigkeit halber sei noch zum Schluß das vor etwa 20 Jahren von der IG. entwickelte Karbonylverfahren erwähnt, das zwar ein sehr reines Pulver mit etwa 99,98 % Fe ergibt, wegen seines hohen Preises aber nur für ganz besondere Zwecke Verwendung finden kann.

## 2. Die Kornstrukturen der Pulversorten

So verschieden die Herstellungsart der einzelnen Pulver ist, so verschieden ist auch die Beschaffenheit eines jeden. Mit bloßem Auge sind die Unterschiede kaum zu erkennen, aber mit Hilfe des Metallmikroskops, oder, besonders beim losen Pulver, mit Hilfe der binokularen Prismenlupe, kann man sehen, welche gewaltigen Unterschiede da vorhanden sind.

Von den hauptsächlichsten Pulversorten, die in letzter Zeit verwendet wurden, nämlich dem Hametagpulver, dem RZ-Pulver, dem DPG-S-Pulver und dem Linzerpulver ist die Struktur des einzelnen Kornes in den Abb. 5 und 6 in 150facher Vergrößerung erkennbar. Für diese Aufnahmen dienten Körner von 0,2 bis 0,3 mm Größe.

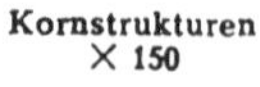

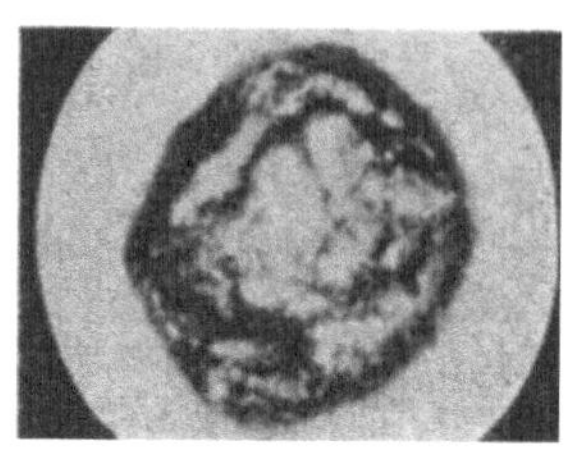

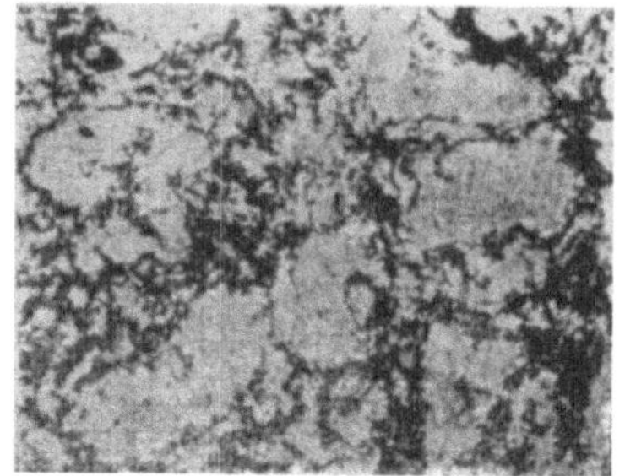

Abb. 5.     Hametagpulver.     Abb. 9

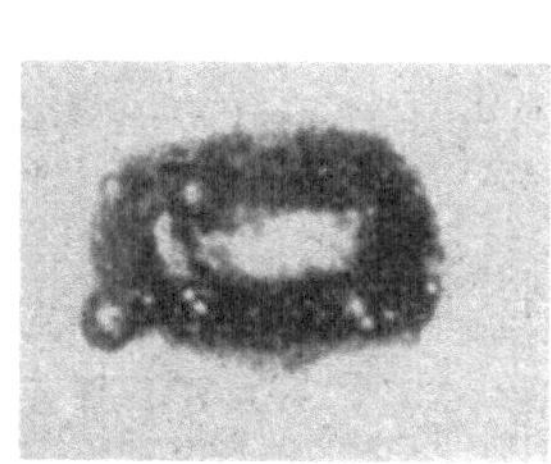

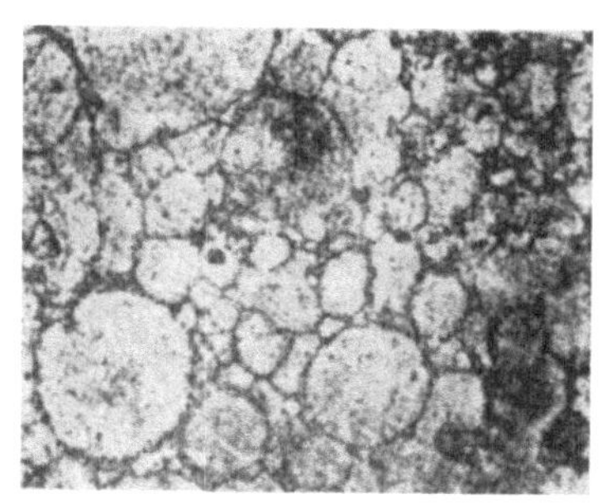

Abb. 6.     DPG-S-Pulver.     Abb. 10

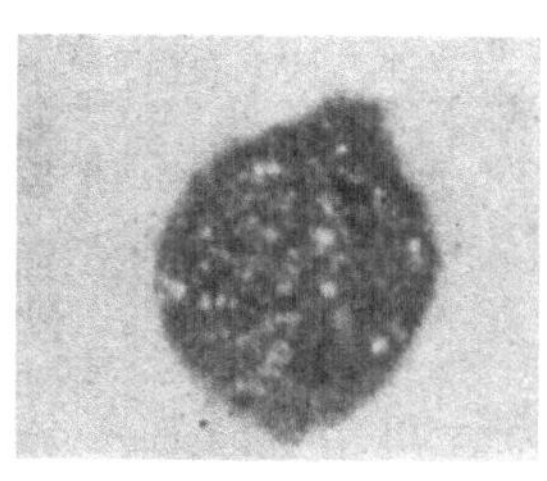

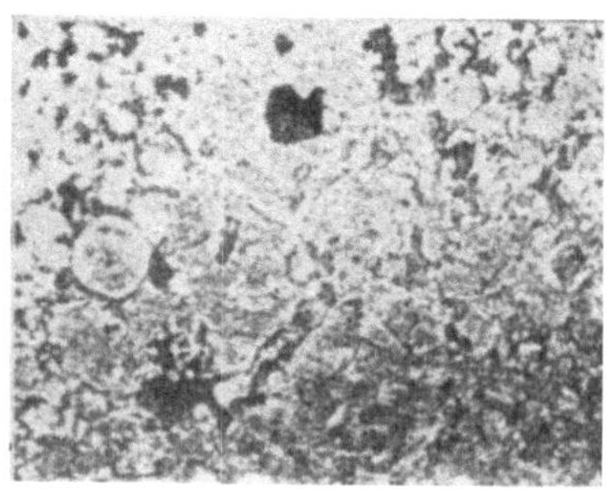

Abb. 7.     RZ-Pulver.     Abb. 11

Kornstrukturen
X 150

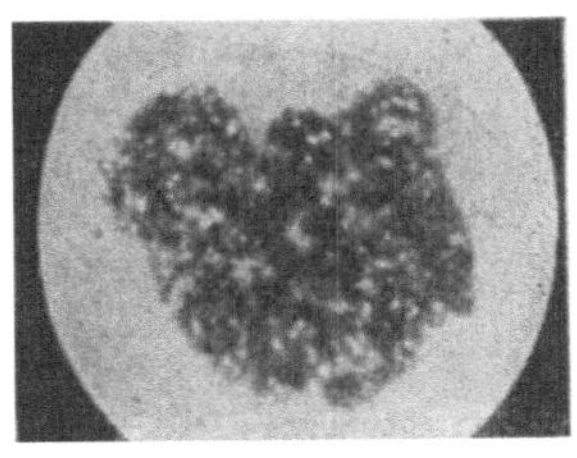

Abb. 8.    Linzerpulver.

Preßlingsgefüge
X 100

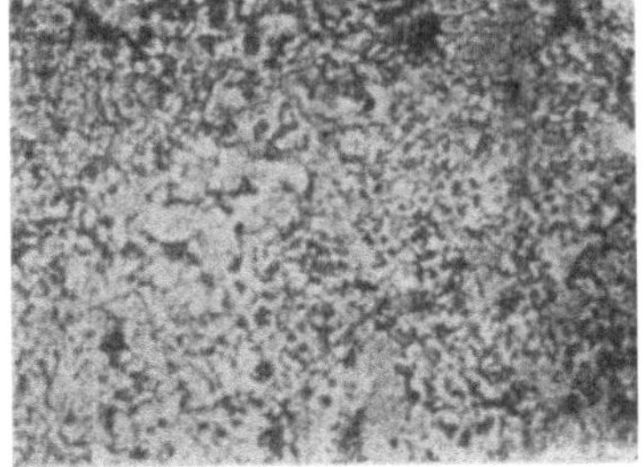

Abb. 12

Bei der Betrachtung dieser Bilder sehen wir:

Das Korn des Hametagpulvers (Abb. 5) hat eine meist etwas verbeulte Plättchenform mit teilweise zerrissener Oberfläche.

Das DPG-S-Pulver (Abb. 6) besitzt ein massives, kugeliges Korn, einer Kartoffel gleichend, mit häufig knollenförmigen Ansätzen.

Das RZ-Pulver (Abb. 7), das in seiner Herstellungsweise dem vorigen ähnlich ist, hat auch ein massives Korn, jedoch mit etwas mehr aufgelockerter Oberfläche.

Ganz anders geartet ist das Linzerpulver (Abb. 8). Hier finden wir, wie bei allen Reduktionspulvern, auch bei dem kleinsten Korn noch eine poröse, schwammige Masse.

### 3. Einfluß der Kornstruktur auf die Eigenschaften des Preßlings

Für die Beschaffenheit des fertigen Preßlings ist die Struktur des einzelnen Kornes, die durch seinen Werdegang bestimmt ist, in hohem Maße ausschlaggebend. In den Abbildungen (9 bis 12) sehen wir Schliffbilder von dem zu jedem Pulver gehörigen fertig gesinterten Preßling in 100facher Vergrößerung. Auch bei ihnen ist die charakteristische Form des einzelnen Kornes, wie sie oben beschrieben ist, deutlich wiederzuerkennen. Um einen einwandfreien Vergleich zu bekommen, sind die Sinterkörper, denen die Aufnahmen entnommen sind, alle auf die gleiche Dichte von 5,1 bis 5,3 g/cm³ gepreßt. Volumenmäßig gesehen sind also die Hohlräume bei allen Preßlingen gleich groß. Ihre Form ist aber verschieden.

Bei dem DPG-S-Pulver (Abb. 10) sind z. B. die einzelnen massiven Körner an ihrem Umfang von perlschnurartig aneinandergereihten

Hohlräumen eingeschlossen. Bei dem Linzerpulver (Abb. 12) dagegen sind diese Hohlräume mehr als einzelne wahllos zerstreute Inseln in ferritischer Grundmasse gelagert. Bei diesem Pulver haben sich die Körner beim Pressen infolge ihrer schwammigen Struktur ineinander verkrallt. Das Hametagpulver (Abb. 9) und das RZ-Pulver (Abb. 11) stellen, nach den Bildern beurteilt, einen Zwischenzustand dar.

Bei einem kugeligen Pulver besteht nun die Gefahr, daß bei der Bearbeitung, z. B. beim Drehen oder Hobeln, leicht einzelne Körner durch den Stahl aus ihrem Verband herausgerissen werden, wodurch dann eine rauhe Oberfläche entsteht. Diese Gefahr ist um so größer, je glatter die Oberfläche des Kornes ist. Ein solcher Nachteil, der schon bei der Betrachtung der Bilder leicht zu vermuten ist, hat sich auch in der Wahrheit bestätigt. Dieses zeigen die folgenden drei Bilder (Abb. 13 bis 15), die in 18facher Vergrößerung die bearbeiteten Stirnseiten von Lagerbuchsen darstellen, die alle drei mit der gleichen Einwaage an Eisenpulver auf das gleiche Volumen gepreßt und mit demselben Stahl und derselben Schnittgeschwindigkeit (160 m/Min.) und gleichem Vorschub bearbeitet worden sind. Die Bearbeitung fand in der Reihenfolge Hametag—DPG-S—Linzerpulver statt. Es kann also die rauhe Oberfläche des DPG-S—Pulvers nicht die Folge eines etwa stumpf gewordenen Stahles sein.

Bearbeitete Oberfläche

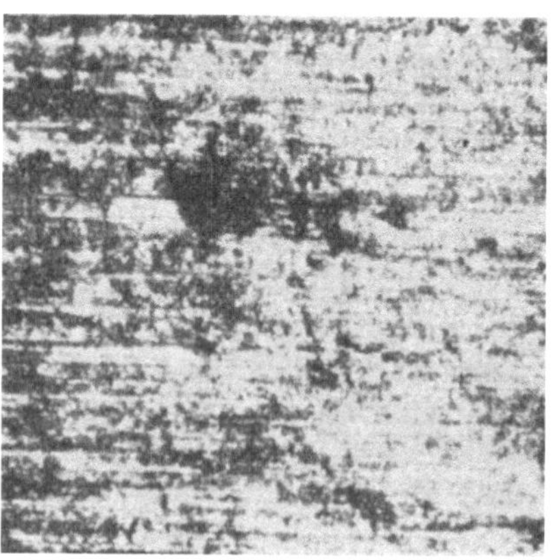

Abb. 13. Hametagpulver. × 18

18

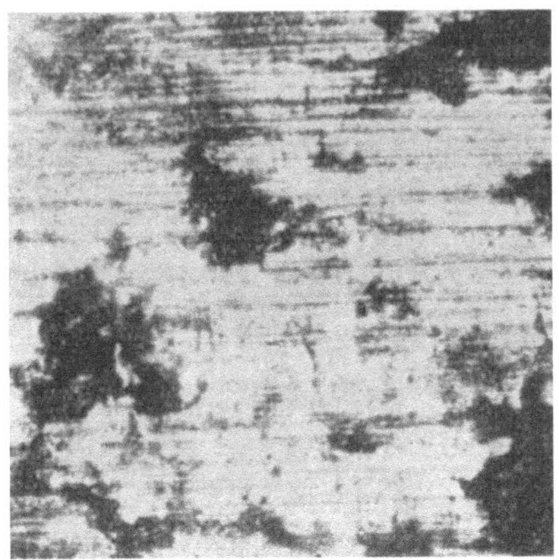

Abb. 14. DPG-S-Pulver. $\times$ 18

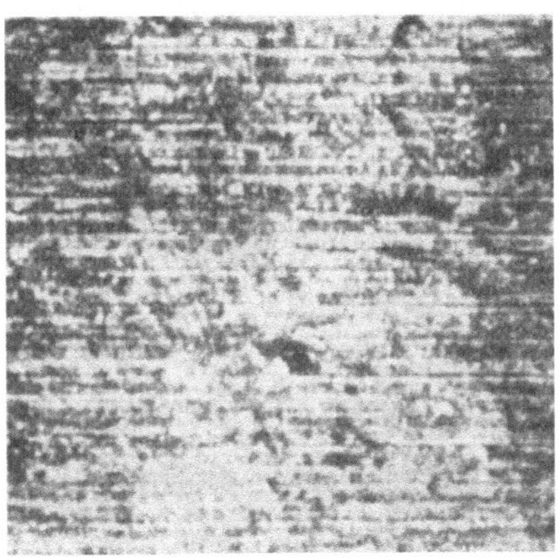

Abb. 15. Linzerpulver. $\times$ 18

Durch Mischen verschiedener Pulversorten kann es in vielen Fällen möglich sein, die Nachteile des einen Pulvers auszugleichen und somit trotzdem zu hochwertigen Leistungen zu kommen. Es können z. B. die großen Poren, die beim Pressen eines Pulvers mit schwer zu verformenden massiven Körnern entstehen, durch die leichter verformbaren Körner eines schwammigen Pulvers ausgefüllt und somit beim Sintern besser miteinander verschweißt werden. Bei der Lagerfertigung werden sich hierdurch sicher gute Laufeigenschaften erzielen lassen.

Abb. 16 zeigt das Schliffbild eines Sinterkörpers, der mit 75 % DPG-S-Pulver und 25 % Linzerpulver gemischt hergestellt wurde.

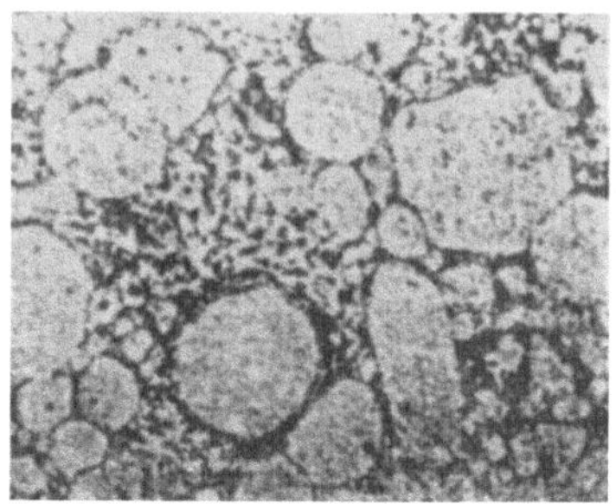

Abb. 16. Preßlingsgefüge.
75 % DPG-S-Pulver
25 % Linzerpulver

## 4. Einfluß des Schüttvolumens auf die Eigenschaften des Preßlings

Die Schüttvolumen sind im allgemeinen bei den Reduktionspulvern größer als bei den übrigen massivkörnigen. Dieses hat zur Folge, daß die ersteren durchweg eine größere Bauhöhe für die Gesenke erfordern. Wenn dieses nun auch unbedingt als ein Nachteil angesehen werden muß, so ist doch nicht der Vorteil zu verkennen, den die hochvolumigen Pulver mit sich bringen und der in dem folgenden Beispiel erläutert werden soll.

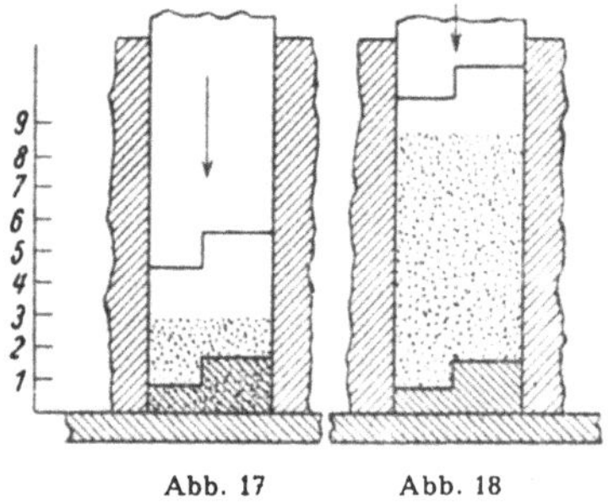

Abb. 17        Abb. 18

Wenn z. B. nach Abb. 17 ein Pulver mit verhältnismäßig kleinem Schüttvolumen und nach Abb. 18 ein solches mit dreimal so großem Schüttvolumen zu einem Körper mit verschiedenen Wandstärken

20

verpreßt wird, so wie er in den Skizzen schraffiert dargestellt ist, so findet im ersten Falle eine Verdichtung des Pulvers im Verhältnis etwa 1 : 2 statt und im zweiten Falle eine solche im Verhältnis etwa 7 : 8. Die Dichteunterschiede sind also in dem Körper, der mit dem hochvolumigen Pulver · gepreßt worden ist, geringer als in dem anderen. Bei dem ersteren kann es sogar bei großen Wandstärkeunterschieden vorkommen, daß das Pulver an der Stelle mit der größeren Wandstärke überhaupt nicht genügend gepreßt ist, so daß der Körper beim Ausstoßen aus der Form schon auseinanderfällt oder daß zum mindesten die Kanten abbröckeln, während der andere noch allseitig gut kantenscharf ist.

Wenn nun auch die Unterschiede in den Schüttvolumen auf der Abbildung etwas übertrieben dargestellt sind, so ist das Bild zur Erläuterung doch sehr lehrreich. Immerhin können bei den verschiedenen Pulvern Unterschiede in den Schüttvolumen vorkommen, die das Zweifache überschreiten.

Zur Beurteilung der Verpreßbarkeit der verschiedenen Eisenpulversorten ist von Dr. E i s e n k o l b die Einführung einer Gütezahl erwogen [1]). Diese Gütezahl soll das Verhältnis darstellen zwischen dem spezifischen Gewicht eines Würfels in $g/cm^3$ und demjenigen Preßdruck in $t/cm^2$, der erforderlich ist, um den Würfel so zu pressen, daß er sich gerade aus der Form auswerfen läßt, ohne auseinanderzufallen oder ohne daß die Kanten abbröckeln. Das heißt also, ich bekomme für ein Pulver, das sich mit geringem Druck verpressen läßt, eine hohe Gütezahl und umgekehrt für ein Pulver, das sich schwer verpressen läßt, eine kleine Gütezahl.

An den verschiedenen Pulversorten wurden nun von Dr. E i s e n k o l b folgende Gütezahlen ermittelt:

| Pulversorte | Gütezahl |
|---|---|
| Hametagpulver: | |
| Körnung 0,6 — 0,3 mm .................................... | 4 |
| „ < 0,06 „ .................................... | 11 |
| Pulver nach Granulierverfahren ............................ | 7—11 |
| Elektrolytpulver ....................................... | 7 |
| Pulver nach Reduktionsverfahren .......................... | 20—33 |

---

[1]) Stahl und Eisen 5/6, 1947.

Diese Zahlen beleuchten sehr schön die Verschiedenheiten der einzelnen Pulversorten. Am günstigsten liegen also hiernach die Reduktionspulver. Von anderer Seite betrachtet ist aber zu erwähnen, daß diese einen verhältnismäßig hohen Druck erfordern, wenn man sie auf die gleiche Wichte pressen will wie die übrigen Pulver.

Die Methode der Gütezahl im Betrieb angewendet, würde es leicht möglich machen, schlecht geglühte Pulver oder solche mit Unreinigkeiten oder mit falscher Siebanalyse frühzeitig zur Ausscheidung zu bringen.

# II. DIE VORBEHANDLUNG DES PULVERS ZUM VERPRESSEN

## 1. Das Glühen

### a) Zweck des Glühens

Preßfähige Pulver verlangen eine metallisch reine Oberfläche der einzelnen Körner, frei von Oxyden, andernfalls die Preßlinge beim Ausstoßen aus der Form leicht wie Staub wieder auseinander fallen. Die Pulver werden deswegen vor dem Verpressen einer Glühung im Wasserstoffstrom unterzogen, und zwar bei etwa 850⁰. Bei den durch mechanische Zerkleinerung erhaltenen Pulvern werden hierdurch gleichzeitig die durch die Kaltverformung entstandenen Spannungen wieder gelöst.

Das Linzerpulver als Reduktionspulver verlangt eine Glühung bei 1050 bis 1100⁰, weil durch diese Glühung gleichzeitig eine weitere Reduktion und somit eine Verbesserung des Reinheitsgrades erfolgen soll. Diese hohe Glühtemperatur hat zwar den Nachteil, daß das Pulver hierbei stärker zusammenbackt und die Aufbereitung schwieriger ist. Andererseits hat sich aber gezeigt, daß das Schwinden des Preßlings um so geringer ist, je mehr sich die Glühtemperatur des Pulvers der Sintertemperatur nähert.

### b) Die rotierenden Glühöfen

Um bei den Glühungen die Oberfläche der einzelnen Körner möglichst innig und allseitig mit dem Wasserstoff in Berührung zu bringen, hielt man es anfangs für notwendig, daß das Pulver wie ein feiner Schleier den Wasserstoff durchrieselt. Zu diesem Zweck verwendete man Drehrohröfen, in deren langsam rotierenden Trommeln das Pulver lose eingefüllt wurde. Im Innern der Trommel der Länge nach angeschweißte Winkel nahmen dann das Pulver jedesmal ein Stück mit hoch, um es dann bei genügender Drehung nach und nach fein zerteilt wieder durch den Wasserstoffstrom auf den Boden der Trommel fallen zu lassen.

Die etwa 3 m langen, bei hoher Temperatur sich drehenden Trommeln haben sich aber nicht bewährt. Sie bogen sich unter der Belastung des Pulvers bei der großen Hitze durch und gaben dann häufig zu Störungen Anlaß. Außerdem machte die Entleerung des zu Klumpen zusammengebackenen und an den Wänden fest anhaftenden Pulvers große Schwierigkeiten.

### c) Die feststehenden Glühöfen

Um die geschilderten Schwierigkeiten zu beheben, ging man dazu über, die Trommeln nicht mehr rotieren zu lassen. Man füllte das

Abb. 19. Glühöfen

Pulver in kleine Blechformen von etwa 40 × 10 × 10 cm Größe, die dann in die feststehenden Rohre gesetzt wurden.

Abb. 19 zeigt eine Reihe solcher Glühöfen, bei denen die Drehvorrichtung bereits entfernt ist.

Auch das auf diese Weise geglühte Pulver war gut preßbar. Die desoxydierende Wirkung des Wasserstoffes hat also auch so die etwa 8 cm hohe Schicht des lose in die Form geschütteten Pulvers bis auf den Boden durchdrungen, was auch durch eine Analyse bestätigt wurde.

Seit Anwendung dieser Glühmethode können auch alle anderen für das Sintern vorgesehenen Öfen, also auch die Kammeröfen, Haubenöfen und Durchstoßöfen für das Pulverglühen mit verwendet werden.

Einen gasbeheizten Spezialglühofen für Pulver zeigt die Abb. 20, bei welcher die verbrannten Gase mit Zusatz von etwas Frischgas als Schutzgas dienen.

Die mit Pulver gefüllten Kästen werden mit einer kleinen Handhängebahn über die Füllöffnung des Ofens gebracht (s. Abbildung) und durch eine Gasschleuse in den Durchstoßkanal versenkt. Das Einsetzen eines Kastens auf der einen Seite und gleichzeitig das Entnehmen eines fertig geglühten und den Kühlkanal passierten Kastens auf der anderen Seite geschieht alle 20 bis 30 Minuten. Nach

Abb. 20. Gasbeheizter Berg-Glühofen

Entnahme dieses Kastens befördert ein Motor mit einer Nockenkette alle 17 den Ofen fassenden Kästen um eine Kastenbreite weiter, so daß bei halbstündiger Beschickung ein Kasten nach etwa 8 Stunden den Ofen wieder verläßt.

Die Leistung dieses Ofens bei kontinuierlichem Betrieb beträgt etwa 60 t pro Monat.

## 2. Das Aufbereiten des Pulvers

Durch das Glühen backt das Eisenpulver in den Blechformen zu einem Kuchen zusammen. Um diesen aus der Form wieder leichter entfernen zu können, werden diese mit etwas konischen Wänden hergestellt und mit Talkum oder Federweiß bestrichen. Diese Kuchen werden dann grob von Hand zerkleinert oder in Backenbrechern wieder aufbereitet und in Kugelmühlen gemahlen. Auf eine verlangte Korngröße von etwa 0,3 bis 0,4 mm abgesiebt, ist das Pulver dann zum Verpressen fertig.

Die Zusammenstellung der Korngrößen nach der Siebanalyse geschieht also vor dem Glühen.

Das Glühen und Aufbereiten des Pulvers soll im allgemeinen kurz vor dem Verpressen erfolgen, da sonst die Gefahr besteht, daß es an der offenen Luft wieder neu oxydiert. Die Pulver gelangen deswegen meist ungeglüht zum Versand, und die das Pulver verarbeitenden Firmen sind auf das Glühen und Aufbereiten eingerichtet. Gut luftdicht verschlossen, läßt sich jedoch auch geglühtes Pulver noch lange Zeit aufheben. Es sei erwähnt, daß sich in gut verschlossenen Eisenfässern aufgehobenes Pulver noch nach zwei Jahren gut verpressen ließ.

# III. DAS FÜLLEN DER FORMEN

### 1. Das gewichtsmäßige Füllen

Zur Erzielung gleichmäßiger Preßlinge, sowohl in bezug auf die Dichte als auch auf die Maßhaltigkeit, ist ein gleichmäßiges Füllen Voraussetzung.

Das Füllen kann gewichtsmäßig oder volumetrisch erfolgen. Bei der einfachen gewichtsmäßigen Füllung wird das Pulver auf einer Waage in ein Vorgefäß abgewogen und dann von Hand aus in die Form geschüttet. Bei der Massenfertigung bedient man sich auch automatischer, sogenannter elektromagnetischer Vibrationswaagen, die dann während der Zeit des Preßhubes das Abwiegen selbsttätig übernehmen und, wenn nötig, das abgewogene Pulver auch selbsttätig auf Rutschen in die Form leiten. Wenn das Pressen, wie es bei kleinen Vollautomaten häufig der Fall ist, schneller vor sich geht, als die Waage zum Tarrieren des Pulvers benötigt, ist man gezwungen, zwei solcher Waagen aufzustellen, die dann abwechselnd die Form beschicken.

Bei Sauberhaltung der Kontakte arbeiten diese Waagen mit großer Genauigkeit, müssen aber, wie alle Präzisionswaagen, gegen Luftzug geschützt sein.

### 2. Das volumetrische Füllen

Häufiger wird das volumetrische Füllen angewendet, welches sowohl automatisch als auch halbautomatisch vor sich gehen kann. Es beruht darauf, daß ein mit Pulver gefülltes unten offenes Vorgefäß über die offene Form geschoben wird, die sich dann „gestrichen voll" mit Pulver füllt.

So einfach und zuverlässig dieses Verfahren erscheint, so viele Fehler können aber auch dabei auftreten. Eine absolut gleichmäßige Füllung würde als Hauptbedingung voraussetzen, daß erstens das Schüttvolumen des Pulvers und zweitens die Füllhöhe in dem Vorgefäß immer gleich sind. Bei verschiedenem Schüttvolumen würde die Form auch gewichtsmäßig verschiedene Pulvermengen aufnehmen, und bei verschiedener Füllhöhe würde das Füllen unter

verschiedenem Druck vor sich gehen und ebenfalls verschiedene
Pulvermengen in die Form abliefern. Dem unterschiedlichen
Volumen wird nun dadurch Rechnung getragen, daß der als Aus-
werfer dienende Unterstempel verstellbar angeordnet wird. Eine
Neuregulierung braucht natürlich nur zu erfolgen, wenn eine neue
Pulvermischung oder Pulversorte verpreßt werden soll. Innerhalb

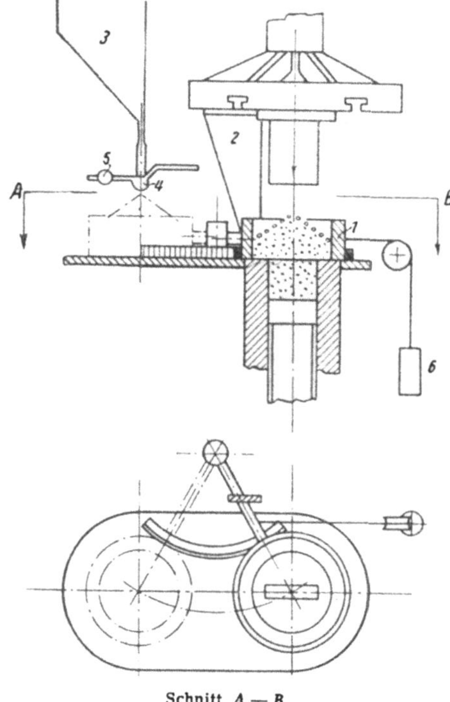

Schnitt A — B

Abb. 21. Automatische Füllvorrichtung zum volumetrischen Füllen

einer Pulvermischung kann dieses als gleich angesehen werden. Eine
gelegentliche Kontrolle würde genügen. Um immer die gleiche Füllhöhe in dem Vorgefäß zu haben, wird nach jeder Füllung die gleiche
Pulvermenge wieder durch einen Vorratsbehälter ergänzt.

Abb. 21 zeigt die Anordnung einer solchen Füllvorrichtung, bei
der bis auf die Einregulierung des Auswerfers, welche von Fall zu
Fall von Hand aus geschieht, das Füllen in die Form und Wieder-
ergänzen des Pulvers in das Füllgefäß automatisch vor sich geht.

Hierbei wird während des **Preßhubes** das Füllgefäß 1 durch ein an
der Kolbenplatte des Preßzylinders sich befindliche Blech 2 nach
links unter den Vorratsbehälter 3 geschwenkt, dessen Verschluß 4
während der letzten Bewegung der Kolbenplatte beim Pressen durch
diese geöffnet wird, um so das Gefäß immer wieder in gleicher
Höhe zu füllen. Bei der Aufwärtsbewegung der Kolbenplatte schließt
sich das Ventil des Vorratsbehälters wieder durch sein Gewicht 5 und
das Füllgefäß wird durch das Gewicht 6 zum Füllen über die Form
gezogen.

Einige Nachteile, die sich bei dieser Füllmethode ergeben können,
sollen noch erwähnt werden.

Beim Füllen einer Form, wie sie auf der Abbildung vorgesehen
ist, wird der von dem Füllgefäß zuerst erreichte Teil die längste Zeit
überstrichen, infolgedessen erhält er auch am meisten Pulver, da sich
in diesem Teil das Pulver infolge Erschütterungen dichter zusammen-
rüttelt und am längsten Gelegenheit hat, nachgefüllt zu werden. Der
Fehler kann ausgeglichen werden, indem man das Gefäß vollständig
über die Form hinwegführt und dann wieder zurückzieht. Eine
Besserung würde in diesem Fall auch schon eintreten, wenn man die
Form um 90⁰ versetzen würde.

In allen Fällen ist außerdem darauf zu achten, daß das Füllgefäß
groß genug ist, so daß es weit genug an den Seiten über die Form
hinwegragt, denn es ist zu berücksichtigen, daß infolge der Reibung
des Pulvers an den Wänden des Gefäßes hier eine Füllung unter
geringerem Druck erfolgt. Hinzu kommt noch, daß sich am Rande
des Gefäßes leicht ein gröberes Korn vorfindet als in der Mitte, weil
die groben Körner beim Nachfüllen des Gefäßes die Neigung haben,
den Schüttkegel herunterzurieseln und sich dann am Rande zu
sammeln. Besonders beim Pressen von Ringen muß dieses beachtet
werden.

Um eine möglichst gleichmäßige Füllung zu erreichen, ist man
teilweise dazu übergegangen, das Füllgefäß während der Füllung
rotieren zu lassen, indem man dieses mit einem Zahnkranz versehen
hat, der beim Vorschieben über die Form an einer Zahnstange ab-
rollt. In der Abb. 21 ist diese Vorrichtung eingezeichnet.

Die Auswirkung der beschriebenen Mängel hängt sehr von der
Gestalt des zu pressenden Stückes ab. Bei flachen und dünnwandigen
Gegenständen werden die Fehler mehr in Erscheinung treten, wäh-
rend sie bei anderen weniger beachtet zu werden brauchen. Je nach

den Ansprüchen, die an das Stück gestellt werden, sind sie zu berücksichtigen.

Die volumetrische Füllung wird in der Regel bei kleineren, besonders bei flachen Gegenständen angewendet.

Wenn wir uns bisher damit beschäftigt haben, nach Möglichkeit eine ungleichmäßige Füllung zu vermeiden, so kann es aber auch Fälle geben, bei denen eine solche erwünscht ist, z. B. beim Pressen eines Montagehammers mit spitzer Finne, so wie das Gesenk hierfür in Abb. 22 dargestellt ist.

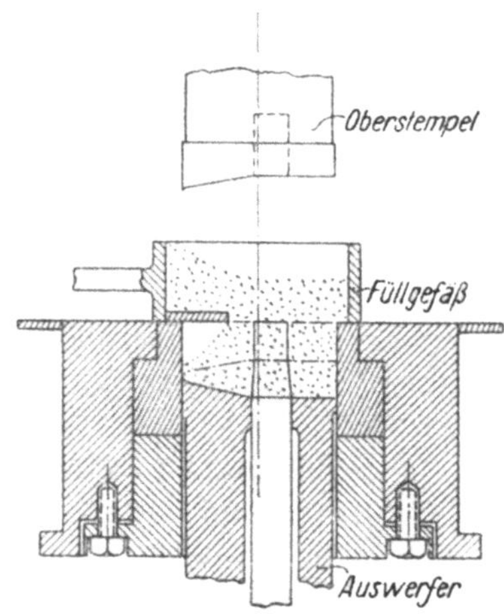


Abb. 22. Beabsichtigtes ungleichmäßiges Füllen

Durch eine teilweise Abdeckung am Boden des Füllgefäßes wird es erreicht, daß, der Form des fertigen Hammers entsprechend, auf der linken Seite weniger Pulver eingefüllt wird.

### 3. Der Fülltrichter

Wie schon erwähnt, erfordern die hochvolumigen Pulver eine größere Bauhöhe der Gesenke, da das lose eingefüllte Pulver einen vielfachen Raum des fertigen Preßlings einnimmt, was sich besonders bei langen Preßlingen unangenehm auswirkt, denn entsprechend der Bauhöhe des Gesenkes muß auch von der Presse ein entsprechender Hub des Stempels und des Auswerfers verlangt werden. Der Hub des Auswerfers läßt sich aber durch Aufsetzen eines sogenannten Fülltrichters auf ein kurzes Stück beschränken, zum mindesten auf

30

die Länge des Preßlings. Bei konischen Gegenständen genügt sogar ein kurzes Anheben des Preßlings von einigen Millimetern, um ihn dann von Hand aus herauszunehmen.

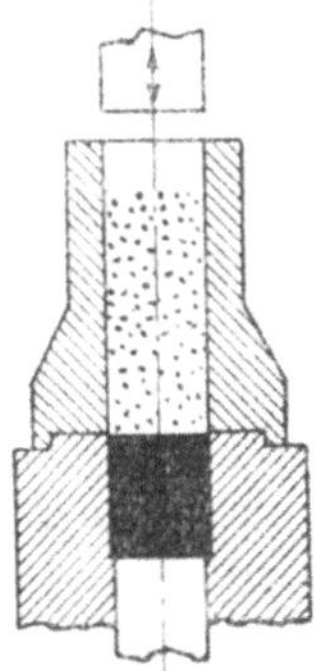
Abb. 23. Fülltrichter

Der Fülltrichter wird also nur zum Füllen der Form aufgesetzt und nach dem Preßvorgang und dem Zurückziehen des Stempels von Hand aus wieder abgenommen.

Eine einfache Form mit Fülltrichter zeigt die Abb. 23.

# IV. DAS PRESSEN

## 1. Die Maschinen zum Pressen und ihre Einrichtungen

### a) Pressen mit ölhydraulischem Antrieb

Der im vorigen Abschnitt besprochene Fülltrichter kann natürlich nur dort Anwendung finden, wo die Pressen von Hand aus bedient werden. Es sind dieses die Maschinen mit ölhydraulischem Antrieb, die für einen Preßdruck von etwa 60 bis 300 t üblich sind. In Abb. 24 ist eine solche dargestellt. Wenn nun auch bei diesen Maschinen die Bewegung des Preßzylinders durch einen in der Abbildung mit 1 bezeichneten Handhebel gesteuert wird, so ist für eine Massenfertigung doch wenigstens eine automatische Hubbegrenzung erforderlich, die die Bewegung des Stempels unterbricht, sobald der Körper auf die gewünschte Höhe gepreßt ist.

Eine solche Hubregulierung kann durch einen Kontaktmanometer geschehen, welcher in die Druckleitung eingebaut ist und bei Stromschluß einen Steuermagneten beeinflußt, der dann das Absperrorgan der Öldruckleitung betätigt. Derartige Hubregulierungen sind jahrelang gebraucht worden und sind auch heute noch in Anwendung. Sie haben aber den Nachteil, daß das Kontaktmanometer nur auf den im Preßzylinder herrschenden Druck reagiert und somit die Höhe des Preßlings vom Preßdruck abhängig macht. Wie später noch gezeigt wird, kann aber bei gleichem Druck die Länge des Preßlings sehr verschieden sein, da diese von vielen Umständen, z. B. vom Schmieren der Form, von der Pulveraufbereitung und -zusammensetzung und vielem anderen abhängig ist.

Es ist also bei dieser Einrichtung erforderlich, die Länge des fertigen Preßlings häufiger nachzukontrollieren und, besonders bei Beginn einer neuen Pulvermischung, das Kontaktmanometer, wenn nötig, neu einzuregulieren.

Sehr gut bewährt hat sich eine vom Preßdruck unabhängige Hubregulierung, wie sie auch in der folgenden Abb. 24 eingezeichnet ist. Diese wird dadurch erreicht, daß an der Kolbenplatte des Preßzylinders 2 eine genau einstellbare Mikrometerschraube 3 angebracht wird, die beim Herabgleiten des Preßkolbens einen am Preßständer 4

befestigten Kontaktauslöser 5 berührt, der auf eine bestimmte Höhe
des Kolbens eingestellt ist, und von welchem aus, genau wie bei der
vorigen Regulierung, über ein Relais und Steuermagnet das Absperr-

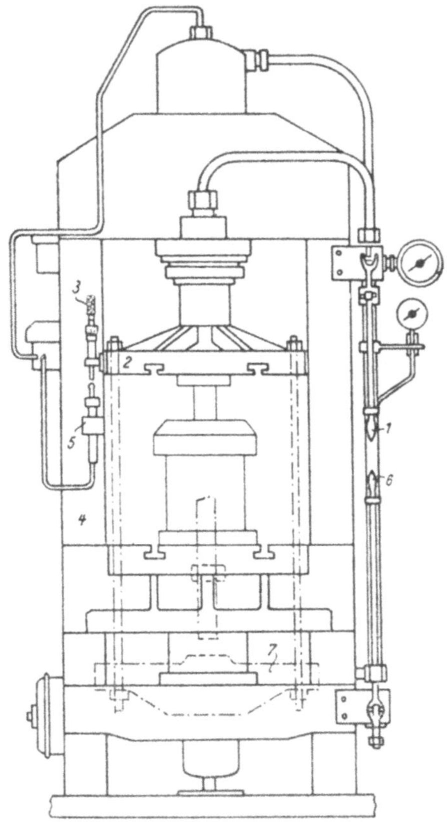

Abb. 24. Presse mit ölhydraulischem Antrieb und automatischer Hubbegrenzung

organ der Öldruckleitung betätigt wird. Durch ein einmaliges Ein-
stellen der Mikrometerschraube ist hierbei eine Gleichmäßigkeit in
der Höhe der Preßlinge mit großer Genauigkeit für immer gewähr-
leistet, gleichgültig, welcher Druck zum Pressen erforderlich ist.

Es gibt natürlich noch andere Hubregulierungen. So kann z. B.
das Absperrorgan in der Preßdruckleitung in einfacher Weise durch
eine Zugstange betätigt werden, die bei einer bestimmten Stelle des

Kolbens von der Kolbenplatte aus in Bewegung gesetzt wird. An Genauigkeit läßt jedoch diese Vorrichtung den vorher beschriebenen gegenüber zu wünschen übrig.

Als sehr einfache behelfsmäßige Hubbegrenzung seien noch Distanzstücke erwähnt, welche entweder neben der Matrize auf den Preßtisch gesetzt werden, und zwar, um ein Verkanten der Kolbenplatte zu vermeiden, zweckmäßig auf beiden Seiten oder auf die Matrize selbst, die dann je nach ihrer Länge die Kolbenbewegung an einer bestimmten Stelle unterbrechen und den überschüssigen Druck auffangen. Ein Abstellen des Druckes erfolgt dann wieder durch Betätigung des Handhebels.

Die Anwendung solcher Distanzstücke als Sicherheitsmaßnahme ist übrigens immer ratsam, da sie zum Schutz von Stempel und Matrize dienen. Es kommt nämlich immer wieder vor, daß, besonders beim Aufbauen und Einrichten der Preßwerkzeuge, der Stempel aus Unachtsamkeit in eine nicht gefüllte oder nicht richtig gefüllte Form gepreßt wird, wodurch Matrize und Stempel beschädigt werden können.

Das Auswerfen geschieht bei diesen Pressen gewöhnlich durch einen Stempel, der ebenfalls ölhydraulisch durch einen besonderen Handhebel betätigt wird, wie er auch auf der Abb. 24 unter Nr. 6 zu erkennen ist.

Bei Pressen, bei denen der ölhydraulische Antrieb zum Auswerfen fehlt, hat man diesen häufig durch eine Traverse 7 ersetzt, die mit je einer Zugstange links und rechts an der Kolbenplatte des Preßzylinders befestigt ist, und bei der Aufwärtsbewegung des Preßkolbens in seiner letzten Hubbewegung den Auswerferstempel nach oben drückt.

Diese Anordnung ist in der Abb. 24 schematisch strichpunktiert eingezeichnet.

Bei kleinen Preßlingen, besonders solchen mit konischer Form, die nur ein kurzes Anheben bedürfen, um sie dann leicht mit der Hand aus der Form entfernen zu können, hat man auch in den Matrizenhalter des Preßwerkzeuges einen kleinen Exzenter eingebaut, der nach dem Pressen durch eine Handkurbel das kurze Anheben bewerkstelligt.

Dieses Verfahren wurde sogar auch schon bei Mehrfachgesenken angewendet, bei denen dann die verschiedenen Exzenter durch eine einzige Handkurbel mittels Kettenräder gleichzeitig betätigt wurden,

jedoch so, daß das Auswerfen nacheinander erfolgte, um auf diese
Weise die Kraft an der Handkurbel zu verteilen.

Bei einer schweren ölhydraulischen Presse, bei der die Einfüllung
des Pulvers von Hand aus erfolgt und bei der das Auswerfen bei der
Aufwärtsbewegung des Kolbens mittels der schon beschriebenen
Traverse erfolgt, kann mit einer stündlichen Leistung von 25 bis
30 Stück gerechnet werden. Bei kleineren Pressen mit automatischer
Füllung ist die Leistung entsprechend höher.

Abb. 25. Ölhydraulisch gesteuerte Maschinen

Die Abb. 25 zeigt einen Preßraum, in dem in der vorderen Reihe
vier ölhydraulisch gesteuerte Maschinen aufgestellt sind.

### b) Exzenterpressen

Die größten Leistungen sind mit vollautomatischen Exzenter-
pressen zu erreichen, die für Drücke von etwa 10 bis 50 t verwendet
werden. Bei den kleineren Pressen kann hierbei mit einer Leistung
von 1000 Stück pro Stunde gerechnet werden.

Eine Exzenterpresse zeigt Abb. 26. Bei dieser wird eine Traverse 1
durch einen Exzenter 2 auf jeder Seite der Maschine in eine auf- und
abwärtsgehende Bewegung versetzt. Die Traverse enthält eine
Spindel 3, in welche unten der Preßstempel eingeschraubt wird. Die
Größe der Hubbewegung liegt also durch die Exzentrizität ein für

allemal fest, aber der Umkehrpunkt und somit die Höhe des zu
pressenden Gegenstandes kann durch Verstellen der Spindel reguliert werden.

Bei anderen Pressen kann auch ein Verändern der Hublänge und
somit gleichzeitig das Einregulieren der Preßhöhe durch ein Verstellen der Exzentrizität erfolgen.

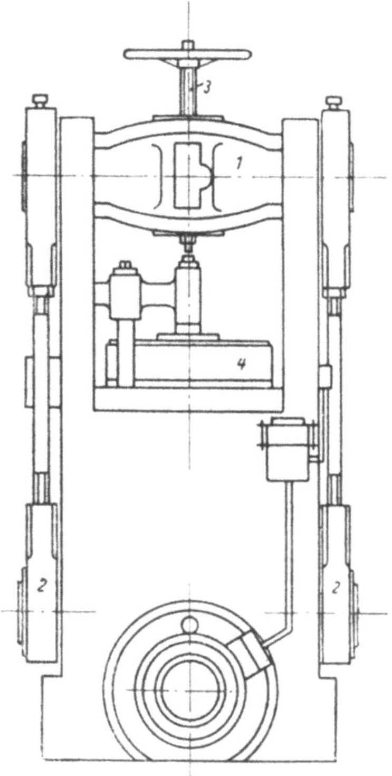

Abb. 26. DWM-Exzenterpresse

Als Sonderheit besitzt die in der Abb. 26 dargestellte Presse einen
Drehtisch 4, in dem sich in einem Kreis angeordnet acht Gesenkeinsätze befinden. Nach jedem Preßvorgang dreht sich der Tisch um
ein Gesenk weiter. Während nun das Pressen in dem Gesenk erfolgt,
welches sich gerade unter dem Stempel befindet, geht zu gleicher
Zeit in den beiden vorhergehenden automatisch das Schmieren und
Füllen der Form vor sich und in dem darauffolgendem das Auswerfen.

36

Die Leistung einer solchen Presse beträgt 300 Stück pro Stunde.

Diese Anordnung hat aber den Nachteil, daß sie acht vollständig gleiche Gesenkeinsätze erfordert, die alle auf genau gleiche Höhe in den Drehtisch eingebaut sein müssen, um gleichmäßige Preßhöhen zu bekommen, und daß sich außerdem infolge der beweglichen Unterlage des Drehtisches, hervorgerufen durch Lagerspiel und Spiel zwischen Drehtisch und Unterlage, leicht Ungenauigkeiten einschleichen, die je nach den Ansprüchen bei manchen Teilen nicht tragbar sind.

Nach Ausbau des Drehtisches und Anordnen eines Einzelgesenkes mit gleichzeitiger Erhöhung der Tourenzahl auf 500 pro Stunde konnte die Presse für alle Arbeiten verwendet werden.

## 2. Vergleich zwischen dem Pressen von Kunstharzstoffen und Eisenpulver

Um beurteilen zu können, ob sich irgendein Körper überhaupt aus Sintereisen pressen läßt oder nicht, um ferner einen Einblick zu bekommen, welche Ansprüche man an einen Sintereisenkörper stellen kann, ist es zunächst einmal erforderlich, das Verhalten des Eisenpulvers beim Pressen, sowie die hierbei auftretenden Schwierigkeiten und die Mittel zur Überwindung derselben kennenzulernen.

Es wäre falsch, die seit langem bekannten Erfahrungen des Kunstharzpressens auf das Pressen von Sintereisen übertragen zu wollen. Bei ersterem sind viel günstigere Voraussetzungen gegeben. Es liegt hier zum Verpressen eine flüssige bis breiige Masse vor, bei der sich der Druck nach allen Seiten hin gleichmäßig fortpflanzt, so daß es möglich ist, alle Ecken, sogar Unterschneidungen, Gewindegänge usw. voll auszufüllen und somit einen Körper zu bekommen, der überall eine gleichmäßige Dichte besitzt.

Ganz anders sieht es beim Verpressen von Eisenpulver aus. Hierbei ist es nicht möglich, das Pulver in seitliche Hohlräume zu drücken. Es setzen sich hier dem Preßdruck ganz andere Widerstände entgegen. Neben den Kräften, die erforderlich sind, die einzelnen Körner zu deformieren, sind vor allem Kräfte notwendig, um die Widerstände zu überwinden, die einmal durch die Reibung des Pulvers an den Wänden der Matrize und der Stempel und ein anderes Mal durch die Reibung der einzelnen Körner unter sich entstehen. Und gerade die letzteren sind es, die es erschweren, wenn nicht sogar unmöglich machen, selbst einen einfachen zylindrischen oder rechteckigen Körper mit glatten Wänden so zu pressen, daß er überall gleiche Dichte besitzt.

### 3. Die Röntgenaufnahme zur Untersuchung der Preßlinge

Mit bloßem Auge sind die verschiedenen Dichten am fertigen Preßling kaum zu erkennen, um so weniger, wenn diese, wie es meistens der Fall ist, allmähliche Übergänge haben. Schon ein geübter Blick würde dazu gehören, um solche Feinheiten zu unterscheiden.

Einen sehr guten Aufschluß über die Dichteverhältnisse eines Sintereisenkörpers gibt aber die Röntgenaufnahme. Ihre Wirkung beruht darauf, daß die Röntgenstrahlen den weichen Teil, also den mit dem geringeren spezifischen Gewicht, intensiver durchstrahlen und somit den untergelegten Film an dieser Stelle stärker belichten. Auf dem Film erscheint somit der weichere Teil schwärzer, während er auf einer Kopie desselben heller ist.

Wenn man nun auch nicht nach dem Schwärzegrad, etwa an Hand einer Tonskala, die Festigkeit oder Dichte unmittelbar zahlenmäßig bestimmen kann, da dieser von zu vielen Umständen, wie Belichtungszeit, Papier- oder Filmsorte, Entwickler und anderem abhängig ist, so kann man doch sagen, daß die Schwarztönung ein genaues Bild der Dichteunterschiede wiedergibt. Wenn Bilder in bezug auf ihre Schwarztönung verglichen werden sollen, dann müssen diese selbstverständlich unter gleichen Bedingungen aufgenommen sein, was am besten dadurch geschieht, daß die zu vergleichenden Teile in einer Aufnahme zusammengefaßt werden.

### 4. Auswirkung der Reibungswiderstände auf die Dichte der Preßlinge

Eine Reihe von Röntgenaufnahmen, an Hand deren die Auswirkung der Reibungswiderstände und ihre Beseitigung oder zum mindesten ihre Minderung erläutert werden soll, sind in Abb. 27 dargestellt. Die nächste Abb. 28 zeigt dieselben Körper in der gleichen Reihenfolge als natürliche Aufnahme. Es wurden für die Versuche rechteckige Preßlinge von der Größe 10 × 20 mm gewählt, die alle mit demselben Preßdruck, mit 6 t/cm², hergestellt und in der 10 mm-Stärke durchröntgt wurden.

Ein oberflächlicher Blick auf die Röntgenaufnahmen läßt an den verschiedenen Schwärzungen sofort erkennen, daß alle Körper mehr oder weniger große Dichteunterschiede aufzuweisen haben. Am größten sind die Unterschiede an dem ersten Preßling a. Dieser

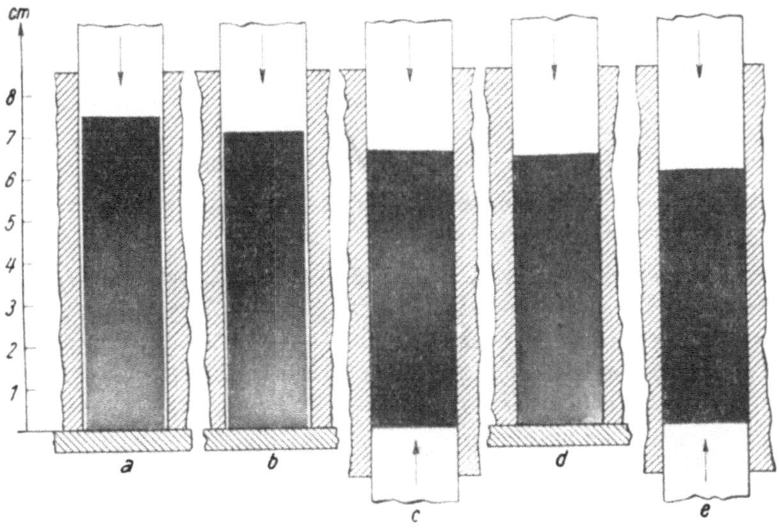

Abb. 27. Röntgenbilder von Preßlingen

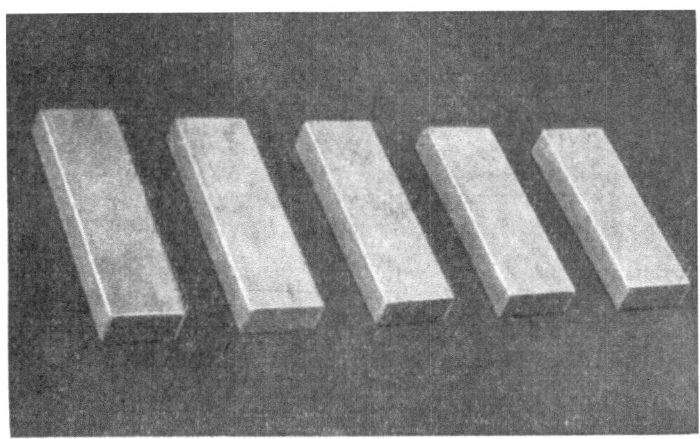

Abb. 28. Fotoaufnahme der geröntgten Preßlinge

wurde, wie auch auf dem Bilde ersichtlich, nur von einer Seite und ohne jedes Hilfsmittel gepreßt. Infolge der auftretenden Reibung an den Wänden der Matrize und der einzelnen Körner untereinander wird ein Teil des Druckes verzehrt, so daß auch die Dichte entsprechend dem immer geringer werdenden Druck nach der dem Stempel entgegengesetzten Seite hin abnimmt. Hierin liegt auch die Tatsache begründet, daß die Länge eines zu pressenden Körpers begrenzt ist, denn schließlich würde der Druck auf der dem Stempel entgegengesetzten Seite so gering werden, daß überhaupt kein Zusammenhaften des Pulvers mehr stattfinden würde.

Auch Kugeldruckproben bestätigen die durch die Röntgenbilder festgestellten Dichteunterschiede.

Als Beispiele seien Werte angegeben, die sich bei einer Prüfung an sechs Preßlingen von etwa 52 mm Länge und 25 mm Durchmesser bei einem Preßdruck von ebenfalls 6 t/cm² auf den beiden Stirnseiten, also den Seiten größter und geringster Dichte, ergeben haben. Auch diese Probekörper wurden nur von einer Seite gepreßt.

| Nr. | Eindringtiefe 2,5/125 Mittelwerte aus 3 Proben mm | | Unterschied mm |
|---|---|---|---|
| 1 | Obere Seite 0,207 | | 0,065 |
| | Untere „ 0,272 | | |
| 2 | | 0,137 | 0,062 |
| | | 0,199 | |
| 3 | | 0,186 | 0,080 |
| | | 0,266 | |
| 4 | | 0,145 | 0,057 |
| | | 0,202 | |
| 5 | | 0,132 | 0,094 |
| | | 0,226 | |
| 6 | | 0,122 | 0,048 |
| | | 0,170 | |

Um die Größenordnung der Unterschiede beurteilen zu können, sei erwähnt, daß beispielsweise bei den Sintereisenlagern die Streuung der Mittelwerte der verschiedenen Zonen auf einem Prüfstück 0,100 mm nicht überschreiten soll.

Die gefundenen Werte würden also alle noch innerhalb dieser Forderung liegen.

## 5. Verbesserung der Dichteunterschiede durch

### a) Schmieren der Form

Eine Verminderung der Reibung kann durch Schmieren der Form erfolgen. Als Schmiermittel wird Öl oder Seifenwasser verwendet. Das letztere ist vorzuziehen, da es später beim Sintern keine Rückstände ergibt.

Der Preßling nach Abb. 27b ist mit solchem Schmiermittel hergestellt worden. Ein Unterschied ist gegenüber dem vorigen zunächst darin zu erblicken, daß er, obwohl mit gleichem Druck gepreßt, um 4 mm kürzer geworden ist. Das spezifische Gewicht ist also im ganzen vergrößert worden, aber Dichteunterschiede sind nach wie vor vorhanden. Es ist dieses wieder an der oben dunkleren und unten helleren Tönung des Bildes zu erkennen.

Das Schmieren der Formen wird allgemein angewendet, schon einmal, um das Gesenk gegen zu schnellen Verschleiß zu schützen und um das Auswerfen zu erleichtern.

### b) doppelseitiges Pressen

Eine wesentliche Besserung in der Gleichmäßigkeit der Dichte tritt durch ein beiderseitiges Pressen ein, wie es bei dem Körper der Abb. 27c durchgeführt ist. Die Stelle der geringeren Dichte ist hierbei in die Mitte des Preßlings verlagert worden. Für sie hat sich der Name „neutrale Zone" eingebürgert. Die Kontraste im Röntgenbild und somit die Dichteunterschiede haben sich dem vorigen gegenüber wieder verbessert. Der Preßling ist entsprechend auch wieder um 5 mm kürzer geworden.

Das doppelseitige Pressen wird in den meisten Fällen angewendet. Da es aber noch wenige Pressen gibt, die hierfür eingerichtet sind, verwendet man eine sogenannte „schwimmende Matrize", die in das Preßwerkzeug eingebaut wird und denselben Zweck erfüllt. Sie ruht auf Federn und kann jedem Druck nachgeben. In Abb. 29 ist diese Anordnung schematisch dargestellt.

### c) preßerleichternde Zusätze

Die bisherigen Erfolge sind ausschließlich durch die Verminderung der Reibung des Pulvers an den Matrizenwänden und durch ein beiderseitiges Pressen erzielt worden. Ein weiterer Fortschritt kann durch die Verminderung des Reibungswiderstandes der einzelnen

Körner unter sich erreicht werden. Dieses geschieht durch die sogenannten preßerleichternden Zusätze, mit denen das Pulver vor dem
Pressen vermischt wird. Als preßerleichternde Zusätze sind Graphitpulver, pulverisiertes Kolophonium und Kunstharz die bekanntesten.
Es genügen hiervon Anteile von 0,3 bis 0,5 %. Die letzteren verleihen
dem Pulver nach einem Erwärmen auf etwa 50⁰ ein fettiges, geschmeidiges Aussehen.

Mit preßerleichternden Zusätzen sind die Körper der Abb. 27 d
und e gepreßt, und zwar d wieder einseitig und e doppelseitig. Die
Bilder lassen nochmals eine wesentliche Besserung erkennen. Besonders bei e ist kaum noch ein Dichteunterschied zu sehen. Nur bei

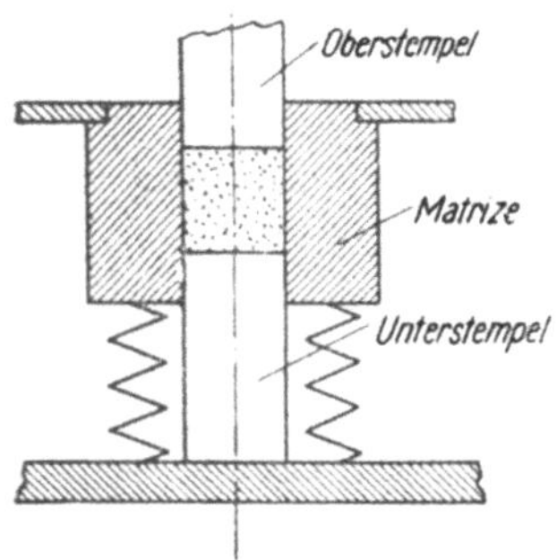


Abb. 29. „Schwimmende Matrize"

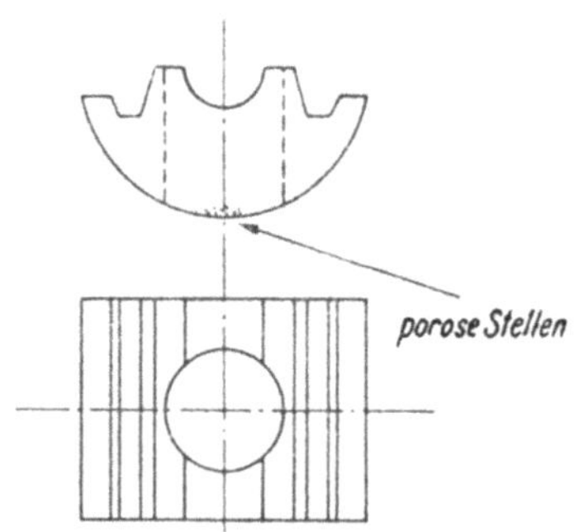


Abb. 30 Sinterkörper ohne preßerleichternden
Zusatz gepreßt

genauer Betrachtung ist noch eine schwache „neutrale Zone" festzustellen. Dieser Preßling ist dem ersteren gegenüber, obwohl er mit
gleichem Druck gepreßt ist, um 16 mm kürzer geworden.

Zur Schonung von Pressen und Gesenken, vornehmlich bei Preßlingen mit großen Füllhöhen, bei denen sich die Vorteile am meisten
auswirken, sind preßerleichternde Zusätze immer anzuraten. In
manchen Fällen können sie sogar für die Möglichkeit einer Fertigung
ausschlaggebend sein. Dieses ist besonders bei Formen der Fall, die
infolge schräger Flächen oder Rundungen beim Pressen größere Verschiebungen von Eisenpulver notwendig machen. Z. B. bei einem
Gegenstand nach Abb. 30.

Eine kritische Stelle war hierbei immer die untere Abrundung,
die leicht bröckelig wurde. Mit Hilfe von 0,5 % preßerleichternden
Zusätzen konnte der Fehler behoben werden. Der Druck sank hierbei außerdem von 29 bis 30 t auf 22 bis 23 t, also um 23 %.

# 6. Die Preßtechnik bei verschiedenartig geformten Gegenständen, und zwar

## a) bei Gegenständen mit in Preßrichtung verschiedenen Wandstärken

Besonders schwierig ist es, in bezug auf die Dichte gleichmäßige Sinterkörper herzustellen, die, in Preßrichtung gesehen, verschiedene Wandstärken besitzen.

Einige charakteristische Beispiele hiervon sind wieder in Abb. 31 durch Röntgenaufnahmen untersucht worden. Es handelt sich wieder

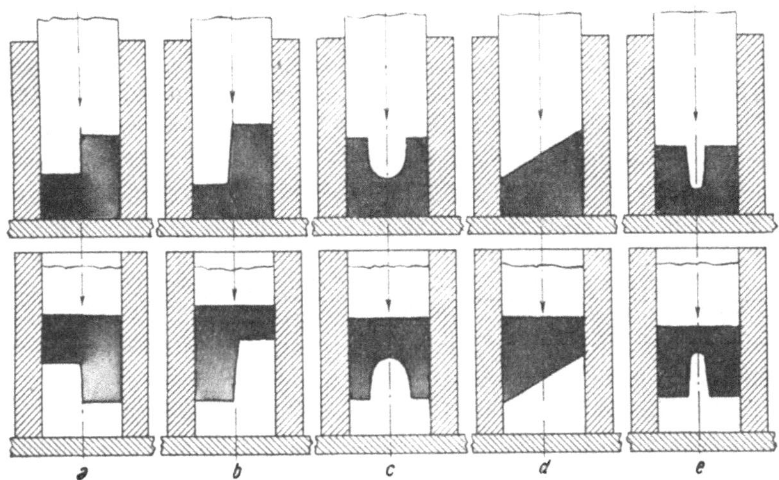

Abb. 31. Röntgenbilder verschiedener Preßlingsformen

um 10 mm starke Preßlinge, die mit 6 t/cm² gepreßt worden sind. Die Form der Stempel und Matrizen geht aus der Abb. 31 hervor. Das Pressen erfolgte in allen Fällen nur einseitig. Es sei aber erwähnt, daß diese Beispiele nur zur Belehrung dienen, denn in Wirklichkeit würde man solche Stücke in Richtung der Draufsicht pressen, wo sie bei der geringen Wandstärke ohne Mühe gleichmäßig würden. Es können aber in der Praxis Fälle auftreten, bei denen dieses nicht immer möglich ist.

Bei der oberen Reihe der Beispiele wurde die gewünschte Form des Preßlings durch die Gestaltung des beweglichen Stempels erreicht, während die Unterlage glatt ist, so daß beim Füllen der

Form überall gleiche Pulvermengen vorhanden sind. Wie die Tönung der Bilder wieder zeigt, treten die größten Dichteunterschiede dort auf, wo der Übergang von der einen Wandstärke zur anderen am plötzlichsten ist, zum Beispiel bei Abb. 31 a.

Bei der unteren Reihe der Preßlinge hat man dem beweglichen Stempel die glatte und dem Boden der Matrize die im Preßling gewünschte Form gegeben mit der Absicht, schon von vornherein dort viel Pulver einzufüllen, wo viel gebraucht wird, und wenig dort, wo wenig gebraucht wird. Dieses hat aber vollständig versagt. Es entsteht hierbei in den unteren Ecken oder Spitzen ein toter Raum, in den sich das Pulver infolge der Reibungswiderstände nicht genügend hereinpressen läßt.

Bei dem schrägen Stempel nach Abb. 31 d sind zwar in beiden Fällen noch Dichteunterschiede vorhanden, sie sind aber sehr gering. Jedoch würde auch hier das Verfahren der oberen Reihe vorzuziehen sein, da sich bei diesem die kritische Stelle mit der geringeren Festigkeit (hellere Tönung) in dem unteren rechten Winkel befindet, während sie bei dem unteren Verfahren in die linke Spitze fällt, die an und für sich schon leichter zum Abbröckeln neigt.

Der Körper nach Abb. 31 e kann in beiden Fällen praktisch als gleichmäßig angesprochen werden. Ursache hierfür ist wohl der verhältnismäßig dünne Einschnitt, der das Pulver beim Pressen leicht nach beiden Seiten verteilt.

Eine Möglichkeit, Körper mit verschiedenen Wandstärken mit gleicher Dichte zu pressen, besteht, wenn man den Unterstempel unterteilt. Es erhalten hierbei der stärkere und der schwächere Teil des Preßlings je einen Unterstempel, die dann beim Pressen aneinander gleiten, wobei der Stempel des stärkeren Teiles eine feste Unterlage erhält und der des schwächeren in der Füllstellung durch eine Federkraft abgestützt wird. Hierdurch wird die Füllhöhe entsprechend der Wandstärke des Preßlings ausgeglichen. Die Federkraft muß aber schwächer sein als der Endpreßdruck, damit sich auch der Unterstempel in der Endstellung beim Pressen auf eine feste Unterlage abstützen kann. Es ist dieses erforderlich, damit, unabhängig von der Federkraft, jedesmal ein und dieselbe Preßhöhe erreicht wird.

Die Abb. 32 dient zur Ergänzung des oben Gesagten.

Diese Anordnung ist geeignet, um beispielsweise eine Büchse mit einem Bund zu pressen. Sie bildet den Übergang zu dem im nächsten

Abschnitt beschriebenen Heschoverfahren, bei dem die einzelnen Unterstempel aber nicht durch Federkraft, sondern maschinell gesteuert werden.

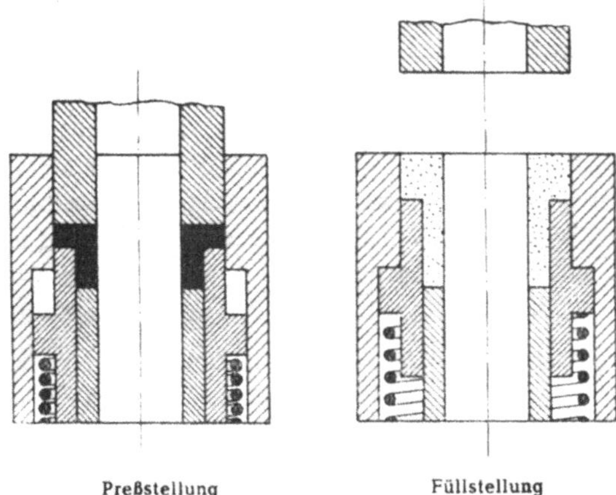



Abb. 32. Gesenk mit geteiltem Unterstempel

Das Heschoverfahren. Eine Gleichmäßigkeit der Dichte und somit auch der Festigkeit läßt sich, wie schon erwähnt, erreichen, wenn mehrfache Stempel verwendet werden, die gegeneinander

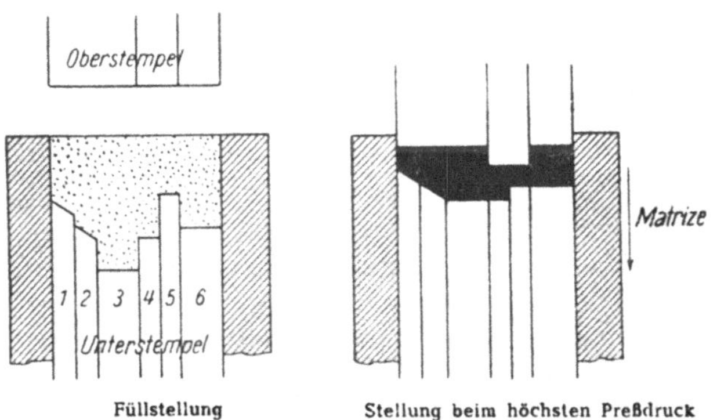





Abb. 33. Das Heschoverfahren

gleiten. Hierbei ist es wieder erforderlich, daß die Füllung der Form mit Eisenpulver so erfolgt, daß die Teile größerer Wandstärke mehr Pulver bekommen als die geringerer Wandstärke. Die einzelnen Unterstempel müssen also während des Füllvorganges in einer entsprechenden Stellung stehen.

4*

Die Abb. 33, die einmal die Füllstellung und das andere Mal die Stellung beim höchsten Preßdruck darstellt, erläutert das Gesagte.

Da nun die einzelnen Stempelteile während des Preßvorganges verschiedene Wege zurückzulegen haben, müssen sie mit verschiedenen Geschwindigkeiten arbeiten. Außerdem muß der Arbeitsbeginn der einzelnen Stempel zu verschiedenen Zeiten einsetzen. Wenn z. B. der Stempel 5 zu gleicher Zeit mit 4 und 6 zu arbeiten beginnen würde, so würde der Stempel 5 sein noch lockeres Pulver in den Raum des Stempels 4 und 6 verdrängen. Stempel 5 darf also erst mit seinem Preßhub beginnen, wenn Stempel 4 und 6 schon eine gewisse Verdichtung in ihrem Raum erreicht haben. Die Einregulierung erfolgt so, daß der Enddruck bei allen etwa 6 t/cm² beträgt.

Die Steuerung der Stempel geschieht beim Heschoverfahren durch Kurvenscheiben, die von der Hauptsache der Maschine aus angetrieben werden. Der Zeitpunkt zum Beginn des Arbeitens des einzelnen Stempels wird durch Verstellen mittels Langlöcher reguliert.

Kurz vor dem höchsten Preßdruck erfolgt nochmals eine kurze Entlastung aller Stempel, damit die miteingepreßte Luft Zeit zum Entweichen hat. Diese Anordnung ist notwendig, weil die Maschine sehr schnell arbeitet.

Das Auswerfen des fertigen Preßlings geschieht nun nicht, wie sonst üblich, durch die Unterstempel, sondern dadurch, daß nach Entfernung des Oberstempels die Matrize nach unten abgezogen wird (daher auch Abziehverfahren genannt), so daß dann leicht der fertige Preßling entfernt werden kann.

Wenn sich noch kleine Nasen oder sonstige Vorsprünge an dem Preßling befinden, kann es vorkommen, daß vor dem Auswerfen noch eine seitliche Entfernung einer Unterlage vorgenommen werden muß, damit diese, von Spannungen befreit, beim Auswerfen nicht abbricht. Die seitliche Entfernung der Unterlage geschieht natürlich auch automatisch.

Das Heschoverfahren ist also sehr kompliziert. Es erfordert eigens für diese Zwecke gebaute Maschinen und sehr teure Gesenke, so daß es sich nur für Teile lohnt, die immer und immer wieder vorkommen und sich nach einfacheren Methoden nicht herstellen lassen. Es liefert dann allerdings Gegenstände, die in allen Teilen gleichmäßige Dichte und Festigkeit besitzen.

Die Herstellung des Preßlings geschieht hierbei gewöhnlich aus
Sinterstahl. Zu diesem Zweck werden dem Eisenpulver zur Erreichung höherer Festigkeit Kohlenstoffträger, z. B. Gußeisenspäne
oder Graphit zugesetzt, dessen Kohlenstoff dann bei sehr hohen
Sintertemperaturen in den Körper diffundiert.

b) D i e  P r e ß t e c h n i k
b e i  K u g e l s c h a l e n  u n d  ä h n l i c h e n  K ö r p e r n

Beim Pressen von Kugelschalen würde man auf erhebliche
Schwierigkeiten stoßen, wenn man diese in der zunächst naheliegen-
den Weise nach Abb. 34 pressen würde, indem man das Pulver in die
Matrize einfüllt und dann den Stempel zum Pressen ansetzt. Zum

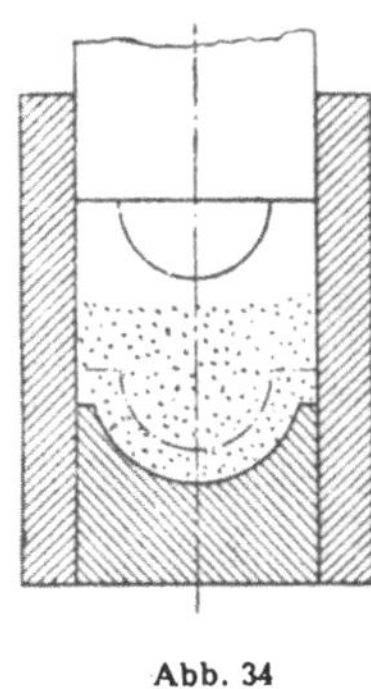

Abb. 34

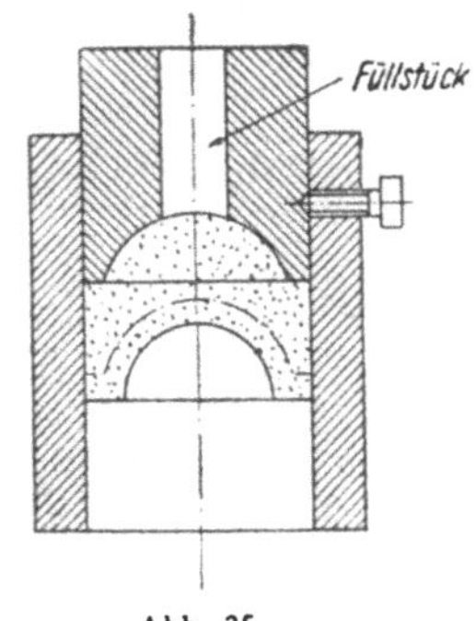


Abb. 35.
Das Pressen von Kugelschalen

Verständnis sei ins Gedächtnis zurückgerufen, daß sich beim Pressen
von Eisenpulver der Druck fast nur in Preßrichtung fortpflanzt. Die
Reibungswiderstände im Pulver sind zu groß, so daß sich die in der
Mitte zuviel vorhandenen Pulvermengen nicht in den seitlichen
Flansch, wo sie fehlen, drängen lassen. Die Folge wäre, daß die
Kugelkappe viel zu fest gepreßt wird, während der Flansch so
locker würde, daß er schon beim Ausstoßen des Preßlings aus-
einanderfällt.

Würde man Stempel und Matrize miteinander vertauschen, so
würde der umgekehrte Fall eintreten, der Flansch würde zu fest gepreßt und die obere Wölbung zu locker.

Eine Preßvorrichtung nach Abb. 35 bringt hier die Lösung. Wenn
man nämlich das Füllen der Form durch eine Öffnung des Stempels

erfolgen läßt und den Stempel dabei in einer solchen Stellung fest-
hält, daß der Raum zwischen dem Stempel und der Matrize etwa dem
Schüttvolumen des Pulvers entspricht, so sind beim Pressen annähernd überall gleiche Pulvermengen vorhanden und es wird ein
Körper mit annähernd gleicher Dichte gepreßt.

Die Öffnung des Stempels wird selbstverständlich vor dem
Pressen durch ein passendes Füllstück wieder geschlossen.

Abb. 36. Kugelschale

Abb. 36 zeigt eine Photographie einer nach diesem Verfahren
hergestellten Kugelkappe, auf der die Spuren des eingesetzten Füll-
stückes als kleiner Grad noch deutlich erkennbar sind. Dieser läßt
sich durch Abschleifen oder mittels einer Feile in der Drehbank leicht
entfernen, falls es überhaupt erforderlich ist.

Es lassen sich auf diese Weise auch napf- oder trichterförmige
Teile pressen, wobei Wandstärken von nur 1 bis 2 mm erreicht
werden können.

### c) Die Preßtechnik
### bei doppelkegelförmigen Körpern

Doppelkegelförmige oder auch tonnenförmige Körper, wie sie sich
beispielsweise bei einer Sorte Montagehämmer vorfinden, können in
einem normalen Gesenk, wie man üblicherweise zylindrische Körper

48

preßt, nicht hergestellt werden, weil das Ausstoßen wegen der Unterschneidung Schwierigkeiten macht. Versuche, den oberen Konus mit in den Fülltrichter hineinzuverlegen, wie es die Abb. 37 zeigt, scheiterten daran, daß der Preßling beim Abheben des Fülltrichters abreißt.

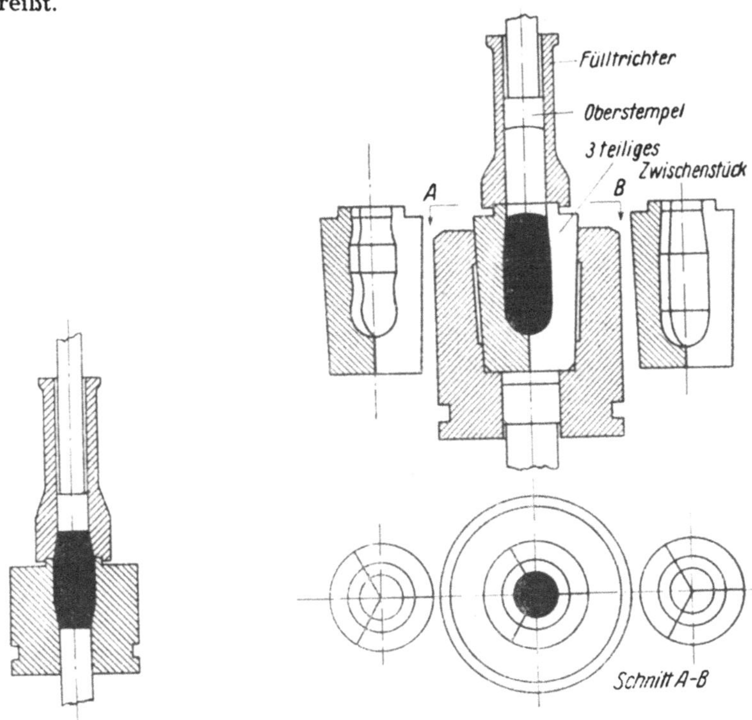


Abb. 37. Fülltrichter
mit falscher Trennfuge

Abb. 38. Das Pressen doppelkegelförmiger Körper

Die Einführung eines dreiteiligen Zwischenstückes, dessen Anordnung Abb. 38 zeigt, brachte hierfür eine sehr befriedigende Lösung. Das dreiteilige Zwischenstück wird nach Entfernung des Fülltrichters von dem Auswerfer aus dem Matrizenhalter nur kurz angehoben, wonach dieses von Hand entnommen wird. Hierbei fällt das Zwischenstück schon auseinander und gibt den Preßling mühelos frei.

Diese Anordnung hat gleichzeitig den Vorteil, daß das Stück eine sehr schöne glatte Oberfläche behält, da beim Auswerfen gar keine

Reibung am Preßling stattfindet. Außerdem sind zum Herstellen verschiedener Formen keine neuen Gesenke erforderlich, sondern nur die dreiteiligen Zwischenstücke, die in ein und denselben Matrizenhalter eingesetzt werden (siehe Abb. 38). Es erübrigt sich dann auch beim Wechseln der Formen das Ab- und Aufbauen eines neuen Gesenkes, das immer sehr zeitraubend ist.

### d) Die Preßtechnik bei Dichtungsmaterial

Als Austauschwerkstoff für Kupfer, Messing und Blei spielt das Sintereisen für Dichtungsmaterial eine große Rolle. Es ist weich und kalt verformbar, so daß es imstande ist, sich allen Unebenheiten anzupassen. Dieses ist eine Bedingung, die an Dichtungsmaterial unbedingt gestellt werden muß. Das Sintereisen hat außerdem noch den Vorteil, daß es durch verschiedenen Preßdruck leicht in verschiedenen Härtegraden hergestellt werden kann.

Man wird im allgemeinen danach trachten, ein möglichst weiches Material zu bekommen und deswegen mit dem Preßdruck so weit heruntergehen, daß man einen Rohling erhält, dessen Festigkeit gerade noch den Transport zum Sinterofen verträgt. Je nach der Pulversorte wird hierfür ein Preßdruck von 1,5 bis 2,0 t/cm² genügen. Es können aber auch Fälle vorkommen, bei denen eine gewisse Festigkeit verlangt wird. Bei geeigneter Formgebung können beide Eigenschaften in einem Körper vereinigt werden.

Die Form eines Dichtungsringes hängt im allgemeinen von dem Zweck ab, für den er verwendet werden soll. Seine Stärke soll möglichst gering gehalten werden, damit der Ring leicht biegsam und geschmeidig bleibt.

An Hand der Abb. 39 a bis g sollen jetzt verschiedene Querschnittsformen mit ihren Vor- und Nachteilen besprochen werden.

Der glatte rechteckige Querschnitt (Abb. 39 a) läßt sich am einfachsten pressen. Er kann leicht durch verschiedene Preßdrücke mit verschiedenen Festigkeiten und Weichheitsgraden hergestellt werden. Bei geschliffenen sauberen Dichtungsflächen genügt diese Form voll den Ansprüchen.

Zur Erhöhung der Abdichtungsfähigkeit kann der Ring nach Abb. 39 b noch auf jeder Seite mit ein oder mehreren Nuten oder nach Abb. 39 c mit ein oder mehreren Federn versehen werden. Besonders leztere pressen sich beim Abdichten gut in kleinere Verletzungen oder Unebenheiten der abzudichtenden Flächen ein. Sie erfordern aber eine sorgfältige Behandlung beim Sintern, da sie leicht zu beschädigen sind. Es ist deswegen zweckmäßig, zur Sicherheit mindestens zwei Federn auf jeder Seite anzubringen, wobei diese mit Rücksicht auf das spätere Aufstapeln im Sinterofen versetzt anzuordnen sind, wie es auch die Abbildung zeigt, damit immer die Feder des einen Ringes in die Nut des anderen zu liegen kommt.

Bei einer Massenfertigung auf Automaten macht aber diese Form Schwierigkeiten, weil der Ring, nachdem er von dem Unterstempel aus der Matrize herausgehoben ist, automatisch seitlich weggeschoben wird, wobei dann die Federn leicht abgeschert werden und

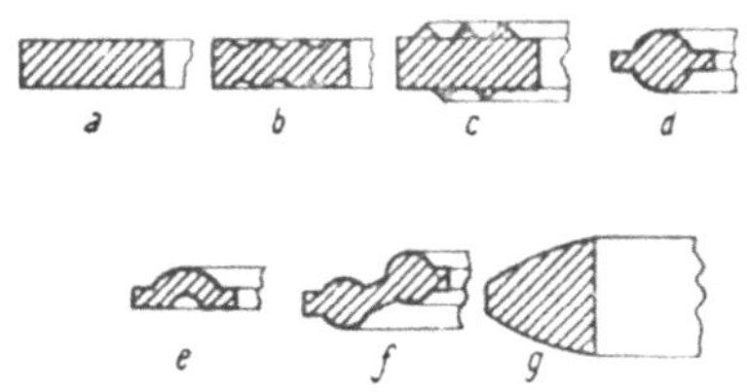


Abb. 39 a bis g. Querschnitte von Dichtungsringen

in dem Unterstempel stecken bleiben. Bei Pressen mit ölhydraulischem Antrieb, bei denen der Preßling vorsichtig mit der Hand nach oben hin entfernt werden kann, ist diese Fertigung leicht möglich. Jedoch ist auch hierbei dafür zu sorgen, daß die Stempel keine Unterschneidungen oder zu scharfe Kanten haben, da sonst ein Hängenbleiben von Pulver in diesen unvermeidlich ist.

Ein rein kreisförmiger oder elliptischer Querschnitt läßt sich leider nicht pressen, da die Stempel sonst messerscharfe Spitzen besitzen müßten, die zu leicht ausbrechen.

Eine sehr gute Form ist aber nach Abb. 39 d zu erreichen. Hierbei wird immer der Rand fester gepreßt, da er eine kleinere Wandstärke besitzt. Er gibt dem Ring eine gewisse Festigkeit, während die Wölbung, die die eigentliche Abdichtung übernimmt, weich bleibt. Bei Anfertigung auf Automaten muß aber auch hier wieder für gute Abrundungen gesorgt werden, damit sich der Ring leichter seitlich aus der Form herausschieben läßt.

Schließlich sei noch eine Form nach Abb. 39 e erwähnt, die wegen der gleichen Wandstärke überall gleiche Härte besitzt, aber sich nicht bewährt hat, weil der Ring beim Anpressen bei der Benutzung leicht in der Mitte der Länge nach aufreißt.

Abb. 39 f ist eine besonders nachgiebige Form, die auch wieder den Vorteil besitzt, daß sie zwei Dichtungsflächen hat.

Linsendichtungen nach Abb. 39 g, die zum Abdichten von Rohrverbindungen mit Flanschen dienen, lassen sich trotz der in Preßrichtung gesehenen verschiedenen Wandstärken ohne Schwierigkeit pressen. Der Preßdruck und die Füllung haben so zu erfolgen, daß der größte Querschnitt am Innendurchmesser gerade noch fest genug wird. Selbst ein etwas lockeres Gefüge in den Spitzen würde nicht schaden, da die eigentliche Dichtungsfläche in der Mitte der Wölbung liegt.

Das Pressen der kleineren Dichtungsringe, besonders aber solcher mit feinen Nuten und Federn, erfolgt mit einem auf 0,15 mm abgesiebten Pulver, während die größeren mit Normalpulver gepreßt werden können.

Zum Abdichten besonders hoher Drücke hat sich ein Pulver mit einer Körnung $< 0,06$ mm bewährt. Diese Ringe werden dann noch kurz galvanisch oder im Tauchverfahren verzinkt.

Besondere Anforderungen werden an Zündkerzendichtungsringe gestellt. Von ihnen wird die sogenannte „Unverlierbarkeit" verlangt. Das heißt sie sollen beim Aufstecken auf die Zündkerze gerade über das Gewinde passen und bei einem gelegentlichen Wiederherausschrauben der Zündkerze an dieser hängenbleiben. Bei den Kupfer-Asbestdichtungen geschieht das dadurch, daß sich diese beim Anziehen der Zündkerze platt drücken, wobei der Innendurchmesser etwas verkleinert und der Außendurchmesser etwas vergrößert wird. Bei den Sintereisendichtungsringen nach der üblichen Form (Abb. 39 d) ist das leider nicht der Fall. Diese weiten sich nur nach außen.

Durch Anpressen eines keilförmigen Ansatzes an der Innenseite neben der Dichtungswulst ist jedoch die Unverlierbarkeit gesichert. Dieser Ansatz drückt sich beim Anziehen der Zündkerze etwas nach innen und verkleinert dadurch den Durchmesser etwas.

Die folgende Abb. 39 h zeigt die beschriebene Form, wobei die punktierte Linie den Ring nach dem Anpressen der Zündkerze darstellt.

Zum Schluß sei noch erwähnt, daß sich die Zähigkeit der Dichtungsringe durch ein zweimaliges Sintern ganz wesentlich verbessern läßt.

Anfangs wurde die Zähigkeit durch eine Verdrehungsprobe ge-
prüft, indem der Ring auf einer Seite aufgeschnitten und dann von
Hand aus verdreht wurde. Es hat sich aber bald gezeigt, daß diese
Prüfung unzuverlässig ist und daß Ringe, die eine sehr gute Ver-

Abb. 39 h.  Zündkerzen-Dichtungsring

drehungsprobe bestanden haben, trotzdem ungenügende Biegefestigkeit besaßen.

Bei einer von Hand aus durchgeführten Biegeprobe kann das
Ergebnis durch Geschicklichkeit beim Biegen sehr beeinflußt werden.

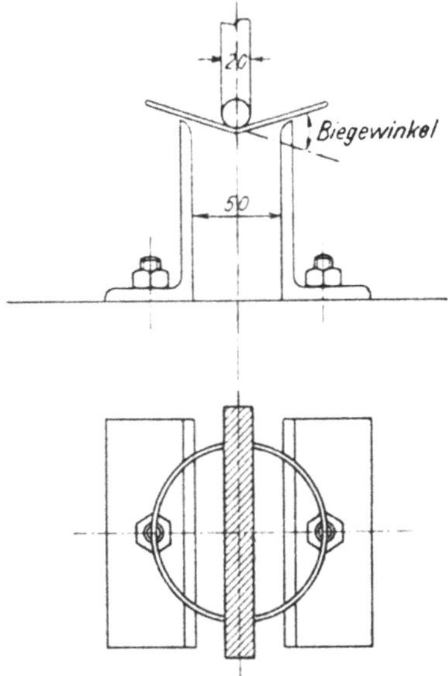


Abb. 40.  Prüfvorrichtung für Dichtungsringe

Es wurde deswegen eine auf der Zerreißmaschine mechanisch durchgeführte Biegeprobe eingeführt, deren Anordnung in Abb. 40 dargestellt ist.

Die Schärfe dieser Prüfung ist abhängig von dem Durchmesser
des Stempels und von dem Abstand der Auflagepunkte. Für die

53

größeren Dichtungsringe hat sich ein Stempel von 20 mm Durchmesser und ein Abstand der Auflagepunkte von 50 mm als brauchbar erwiesen.

Wie sich nun ein zweimaliges Sintern auf die Zähigkeit der Ringe auswirkt, sollen folgende Beispiele zeigen, die an verschiedenen aus

Bis zum Anriß erreichter Biegewinkel

| Bei einmaligem Sintern | Bei zweimaligem Sintern |
| --- | --- |
| Grad | Grad |
| 43 | 75 |
| 40 | 62 |
| 43 | 86 |
| 64 | 71 |
| 85 | 101 |
| 48 | 70 |

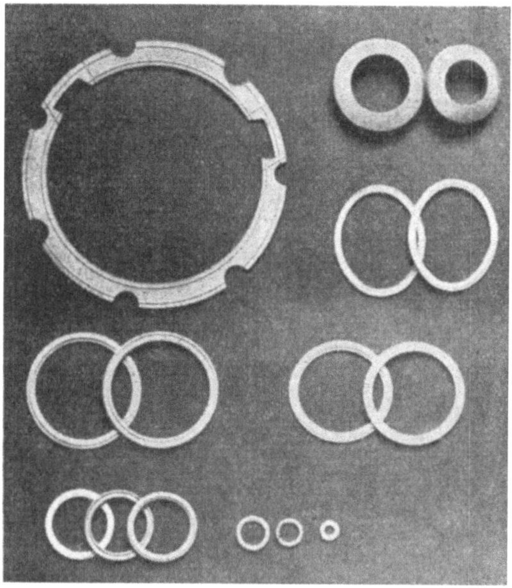

Abb. 41. Dichtungsringe aus Sintereisen

der laufenden Fertigung entnommenen Ringdurchmessern und Ringformen durchgeführt wurden, wobei die hier angegebenen Zahlen Durchschnittswerte von drei Proben darstellen.

Die Biegefestigkeit ist also durch das zweimalige Sintern um etwa
50 % erhöht worden.

Durch ein Zwischenkalibrieren mit einer hierbei stattgefundenen
geringen Kaltverformung kann eine weitere beachtliche Erhöhung
der Biegefestigkeit erreicht werden. Bei den ersten beiden Sorten
der vorigen Tabelle wurden hierdurch die Biegewinkel auf 180 und
83° erhöht.

Inwieweit durch ein längeres Sintern oder durch ein Sintern bei
höheren Temperaturen in dieser Beziehung Erfolge erreicht werden
können, bedarf noch der Untersuchung.

Abb. 41 zeigt verschiedene Sorten gefertigter Dichtungsringe.

# V. DAS SINTERN

## 1. Allgemeines

Durch das Pressen haben die Sinterkörper zwar schon eine gewisse Festigkeit bekommen, die einen vorsichtigen Transport gestattet, die aber in den meisten Fällen bei weitem nicht für den zukünftigen Verwendungszweck ausreicht. Diese Festigkeit wird dem Körper erst durch das Sintern verliehen, und zwar sind die mechanischen Eigenschaften des fertigen Körpers in hohem Maße von der Sintertemperatur und der Sinterzeit abhängig. Über den Einfluß dieser beiden Faktoren sind in der Literatur eingehende Versuche von W. Eilender und W. Schwalbe veröffentlicht worden. Im allgemeinen nimmt mit zunehmender Temperatur die Festigkeit und mit längerer Sinterzeit die Dehnung zu. Eine Sintertemperatur von 1100 bis 1150° bei einer Sinterzeit von etwa 2 Stunden kann als normal angesehen werden. Das Sintern muß zur Verhütung der Oxydation unter einem Schutzgas erfolgen. Es geschieht in elektrisch- oder gasbeheizten Öfen verschiedener Bauart. Am bekanntesten sind die Kammeröfen, die Haubenöfen und die Durchlauf- oder Durchstoß- öfen.

Das Schmieren der Preßformen mit Öl kann sich nun beim Sintern sehr unangenehm auswirken, indem die Dämpfe des verbrennenden Öles einmal bei elektrisch betriebenen Öfen die Heizspiralen in Mitleidenschaft ziehen, das andere Mal die Sinterkörper selbst bröcklig machen. Das letztere ist besonders der Fall, wenn es sich um dünnwandige Körper handelt, bei denen die Wände durch und durch mit Öl getränkt sind. Es ist daher zweckmäßig, das Öl vorher auf einer Heizplatte oder in einem offenen Sinterofen, in dem die Ölschwaden abziehen können, herauszutreiben. Hierbei darf aber nach Versuchen eine Temperatur von 250° nicht überschritten werden. Bei höheren Temperaturen hat das Verbrennen des Öles in dem Körper eine Sauerstoffaufnahme zur Folge, die das erwähnte Bröckligwerden verursacht. Diese Sauerstoffaufnahme ist auch durch eine Gewichtszunahme und durch eine Analyse feststellbar.

Die folgende Tabelle zeigt die Gewichtszunahme bei fünf Versuchsreihen mit den Ausbrenntemperaturen von 250, 400, 500 und 600°.

| Versuchs-Nr. | Ausgangsgewicht g | Gewichtszunahme in Gramm bei Ausbrenntemperaturen von | | | |
|---|---|---|---|---|---|
| | | 250° | 400° | 500° | 600° |
| 1 | 20,6 | 0 | 1,2 | 1,7 | 1,9 |
| 2 | 20,8 | 0 | 1,2 | 1,7 | 1,9 |
| 3 | 17,7 | — | 0,8 | 1,8 | 2,2 |
| 4 | 18,6 | — | 1,1 | 1,9 | 2,3 |
| 5 | 19,1 | — | — | 1,1 | 1,4 |
| Mittelwert der Gewichtszunahme: | | 0 | 1,07 | 1,64 | 1,94 |

Ferner zeigte eine Analyse des Ausgangsmaterials nur Spuren von Sauerstoff, während sie nach dem Ausbrennen des Öles bei 450° 10,6 % ergab. In einem anderen Falle betrug der Sauerstoffgehalt beim Ausgangsmaterial 0,3 % und nach dem Ausbrennen des Öles bei 230 bis 250° nur 0,4 %.

Also ein Ausbrennen des Öles bis zu 250° kann unbedenklich stattfinden.

## 2. Die Kammeröfen

Die älteste Art der Sinteröfen, die Kammeröfen, gleichen den in der Härterei zur Anwendung kommenden elektrisch beheizten Härteöfen, erfordern jedoch wegen der Schutzgasspülung luftdicht verschließbare Türen und eine Abkühlvorrichtung. Die Türen werden bei diesen Öfen zweckmäßig zur Erzielung gleichmäßiger Temperaturen ebenfalls mit Heizspiralen versehen.

Es ist aber trotzdem schwierig, in einem solchen Ofen überall gleichmäßige Temperaturen zu bekommen. Wenn auch die Heizspiralen gleichmäßig in den Wandungen des Ofens verteilt sind, so wird immer in der Nähe einer Spirale durch die Strahlung eine höhere Temperatur vorhanden sein als weiter entfernt. Es kommen dann noch die Temperaturunterschiede hinzu, die sich durch Stromschwankungen im Netz ergeben.

Beim Sintern in mehreren Öfen mehren sich dann noch die Fehlerquellen, die durch den Einbau der Meßinstrumente an verschiedenen Stellen und durch Differenzen innerhalb der selbstschaltenden Instrumente entstehen.

Die ungleichmäßigen Temperaturen machen sich aber durch verschiedenes Schwinden der Sinterkörper bemerkbar, was sich besonders unangenehm auswirkt, wenn die Körper wegen ihrer Form leicht zum Schwinden neigen und ohne nachträgliches Kalibrieren oder sonstige Nacharbeit auf Fertigmaß mit engen Toleranzen gepreßt sein sollen.

Wie sich das ungleichmäßige Schwinden auswirkt, zeigen folgende zwei Beispiele:

Je fünf in drei verschiedenen Kammeröfen zum Sintern eingesetzte haubenförmige Körper von 35 mm Durchmesser und 45 mm Höhe, die aus derselben Pulverlieferung stammten und unter denselben Bedingungen gepreßt waren, zeigten ein durchschnittliches Schwinden von:

| Ofen Nr. | Im Durchmesser mm | In der Höhe mm |
|---|---|---|
| 1 | 0,40 | 0,80 |
| 2 | 0,64 | 0,91 |
| 3 | 0,88 | 1,20 |

Ferner betrug bei je 25 in 14 verschiedenen Öfen gesinterten ebenfalls haubenförmigen Körpern von 20 mm Durchmesser und 25 mm Höhe die mittlere Schwindung:

| Ofen Nr. | Im Durchmesser mm | Ofen Nr. | Im Durchmesser mm |
|---|---|---|---|
| 1 | 0,18 | 8 | 0,62 |
| 2 | 0,22 | 9 | 0,67 |
| 3 | 0,26 | 10 | 0,76 |
| 4 | 0,36 | 11 | 0,86 |
| 5 | 0,50 | 12 | 0,90 |
| 6 | 0,54 | 13 | 1,14 |
| 7 | 0,56 | 14 | 1,30 |

Die größten Schwindungsunterschiede innerhalb ein und desselben Ofens betrugen hierbei 0,4 mm.

Bei den Kammeröfen älterer Bauart, das heißt solchen mit ungeheizten Türen, ist es ratsam, den vorderen Raum an der Tür nicht mit Sintergut zu belegen, da hier Temperaturen auftreten können, die gar nicht zum Sintern ausreichen und daher mangelhafte Festigkeiten ergeben würden, wie auch durchgeführte Versuche bestätigen.

Für diese Versuche wurde ein Ofen wieder mit den haubenförmigen Körpern von 20 mm Durchmesser und 25 mm Höhe beschickt. Die Sinterkörper wurden in mehreren aufeinandergeschichteten Kästchen einzeln nebeneinander gesetzt und in einer Anordnung nach Abb. 42 in den Ofen geschoben.

Nach dem Sintern wurde dann zur Prüfung der Festigkeit mittels der in Abb. 43 dargestellten Aufdornprobe bei mehreren Preßlingen, die an verschiedenen Stellen des Ofens entnommen wurden, der Druck gemessen, der nötig ist, um den Körper zum Aufreißen zu bringen.

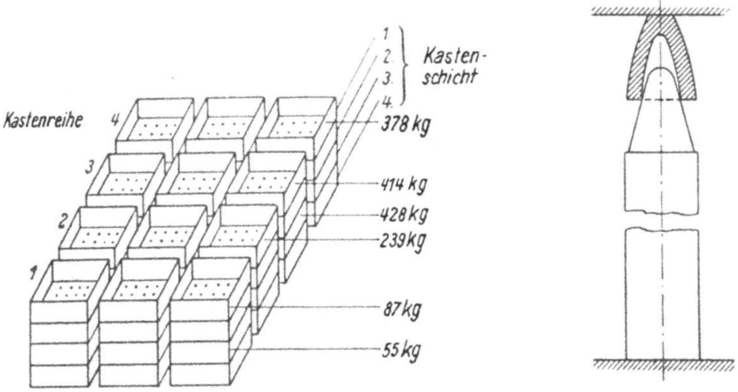


Abb. 42. Anordnung der Ofenbeschickung     Abb. 43. Aufdornprobe

Das in folgender Tabelle (S. 61) zusammengestellte Ergebnis läßt erkennen, daß die beiden vorderen an der Tür sich befindlichen Kastenreihen bei einem festgesetzten Mindestaufdorndruck von 250 kg wegen unzureichender Sintertemperatur nicht genügt haben.

Die erhaltenen Mittelwerte sind zur besseren Übersicht noch einmal in die Abb. 42 an der Stelle eingetragen, wo sie erreicht wurden.

Durch ein wiederholtes Sintern bei richtiger Temperatur können die nicht genügenden Stücke noch brauchbar gemacht werden.

Die Abb. 44 und 45 zeigen zwei Typen von Elino-Kammeröfen. Die erstere stellt die kleinere Bauart dar, bei welcher die Abkühlung durch einen mittels Ventilators erzeugten Luftstromes erreicht wird.

Abb. 44 und 45. Elino-Kammeröfen

Dieser zirkuliert außerhalb des Heizraumes zwischen diesem und der äußeren Bekleidung des Ofens. Die auf den Öfen aufgebauten Ventilatoren sind auf dem Bilde erkennbar.

| Kastenreihe . . . . . . | 1 | 2 | 3 | 4 | 1 | 3 |
|---|---|---|---|---|---|---|
| Kastenschicht . . . . . | 1 | 1 | 1 | 1 | 3 | 3 |
| Preßlingreihe . . . . . | vordere | mittlere | mittlere | mittlere | vordere | mittlere |
| | kg | kg | kg | kg | kg | kg |
| | 50 | 200 | 460 | 520 | 70 | 550 |
| | 110 | 230 | 200 | 460 | 30 | 310 |
| | 70 | 230 | 420 | 190 | 70 | 460 |
| | 50 | 220 | 380 | 240 | 50 | 410 |
| | 70 | 270 | 420 | 410 | — | 410 |
| | 70 | 150 | 500 | 430 | — | — |
| | 70 | 350 | 460 | 450 | — | — |
| | 50 | 220 | 490 | 420 | — | — |
| | 210 | 260 | 370 | 280 | — | — |
| | 120 | 260 | 440 | 380 | — | — |
| Mittelwert . . . . | 87 | 239 | 414 | 378 | 55 | 428 |

Die auf den beiden linken Öfen Abb. 44 aufgestellten runden Körper sind Sintereisenrohlinge, bei welchen zur Ausnutzung der Wärme das vorhin erwähnte Öl herausgetrieben werden soll.

Bei den Öfen größerer Bauart nach Abb. 45 wird die Abkühlung durch den Wasserstoff selbst erreicht, der innerhalb des Heizraumes und den auf den Öfen aufgebauten, mit Kühlschlangen versehenen Behältern zirkuliert.

Bei diesen Öfen sind auch die Türen, wie auf dem Bilde ersichtlich, mit Heizspiralen versehen.

Zum Abkühlen eines Ofens von der Sintertemperatur bis auf etwa 180°, bei welcher der Ofen geöffnet werden kann, ist mit einer Dauer von ungefähr 12 Stunden zu rechnen.

### 3. Die Haubenöfen

Wenn auch im allgemeinen nur eine Sinterzeit von 2 Stunden gefordert wird, so sind die Kammeröfen für eine Beschickung etwa 24 Stunden in Anspruch genommen, weil die Öfen wegen der zur Verhütung der Oxydation vorgesehenen Wasserstoffspülung und der damit verbundenen Explosionsgefahr nur in kaltem Zustande beschickt und in kaltem Zustande erst wieder entleert werden dürfen. Anwärmezeit und Abkühlzeit machen also ein Vielfaches der eigentlichen Sinterzeit aus. Zum Zweck der Zeitersparnis hat man dann die Haubenöfen gebaut.

Bei diesen werden mehrere aus hitzebeständigem Stahl hergestellte Muffeln verwendet, von denen eine auf die Grundplatte eines Ofens gelegt und dann mit dem Oberteil des Ofens, der sogenannten Haube, zugedeckt wird. Mit dem Aufsetzen der Haube wird dann automatisch der Kontakt zum Heizen von Grundplatte und Haube geschlossen. Nach erreichter Sinterzeit wird die Haube abgenommen, die Muffel ausgewechselt und die noch heiße Haube wieder aufgesetzt, so daß in der neu eingesetzten Muffel schnell die Sintertemperatur wieder erreicht ist, während die heiße Muffel an anderer Stelle Zeit zum Abkühlen hat.

Durch eine solche Anlage kann in derselben Zeit etwa das 2,5fache geleistet werden wie mit einem Kammerofen, wenn man zugrunde legt, daß eine Muffel und ein Kammerofen dasselbe Fassungsvermögen besitzen. Da bei den Haubenöfen die Heizung außerhalb des Sinterraumes erfolgt, ist sie gleichmäßiger als bei den Kammeröfen. Die Anschaffungs- und Unterhaltungskosten eines Haubenofens sind aber wesentlich höher, da umfangreiche Kran- und Schaltanlagen zum Transport der Muffel und Hauben erforderlich sind.

## 4. Die Durchstoßöfen

Die Vorzüge der Zeitersparnis bei gleichzeitiger Erzielung gleichmäßiger Sintertemperatur für alle Preßlinge sind in dem Durchstoßofen vereinigt. Bei ihnen durchwandert das in einzelnen Kästen aufgestellte Sintergut in einem mit Molybdänheizleitern versehenen Kanal in etwa 4 Stunden eine Anwärmzone, eine Sinterzone und eine Abkühlzone. Jeweils der zuletzt eingesetzte Kasten wird in dem ersten Teil der Anwärmzone durch Nocken mechanisch vorangeschoben, der dann die übrigen Kästen vor sich herdrückt. Um die Reibungswiderstände der ganzen Kästen leichter zu überwinden, ist der ganze Ofen schräg gestellt, oder er kann, bei einer neueren Konstruktion auf einen Kippstuhl gebaut, in verschiedene Lagen gestellt werden.

Um dem Druck beim Durchschieben der Kästen in dem glühenden Zustand standzuhalten, müssen diese kräftig gebaut sein und

62

werden daher am besten allseitig geschlossen mit Ausnahme einer kleinen seitlichen Öffnung zum Füllen. Bei sehr hohen Sintertemperaturen verwendet man an Stelle von Stahlblechkästen solche aus Graphit.

Bei der neuesten Bauart werden die ganzen Kästen durch den Ofen transportiert, indem sie alle gleichzeitig von einem der Länge nach durch den Ofen laufenden exzentrisch angetriebenen Hubbalken schrittweise vorwärts gesetzt werden. Die Vorteile dieses Ofens bestehen darin, daß Kästen auch einzeln durch den Ofen geschickt werden können und daß die Kästen nicht unter dem sonst erforderlichen Druck zum Durchschieben bei der hohen Temperatur leiden.

# VI. DIE WEITERVERARBEITUNG

## 1. Das Kalibrieren und die Kaltverformung

In vielen Fällen können die Preßlinge ohne weitere Nacharbeit zur Verwendung kommen. Wird aber die Einhaltung enger Toleranzen gefordert, so ist ein Kalibrieren unumgänglich.

Das Kalibrieren geschieht nach dem Sintern. Es erfolgt bei Bohrungen dadurch, daß ein auf genaues Maß geschliffener Dorn

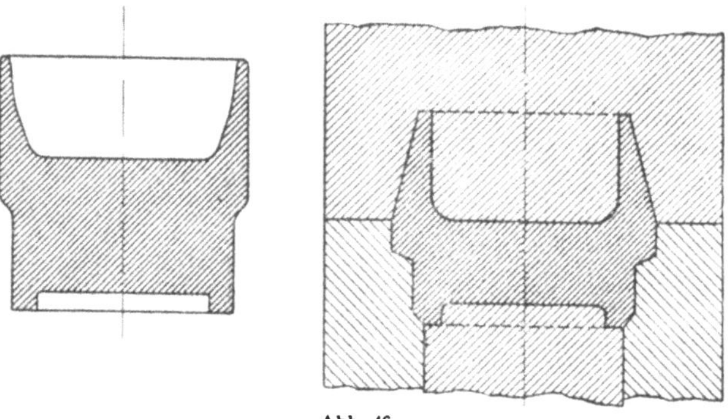

Abb. 46.



durch diese hindurchgezogen wird, wodurch je nach Größe eine Aufweitung von einigen Zehntel Millimetern im Durchmesser erfolgt. Der Dorn wird zweckmäßig zur Erhöhung des Verschleißwiderstandes verchromt.

Bei Lagern wird durch dieses Kalibrieren gleichzeitig eine günstigere Lauffläche geschaffen, die gegenüber der feingedrehten Fläche nach Versuchen von Prof. Heidebroek eine Erhöhung der Tragfähigkeit von 40 bis 50 % mit sich bringt.

Bei anders geformten Gegenständen erfolgt das Kalibrieren einfach durch ein Kaltpressen in eine auf genaues Maß gearbeitete Matrize. Zur Ersparung mechanischer Bearbeitung können bei solchem Kalibrieren auch größere Kaltverformungen erfolgen, ebenso wenn ein komplizierter Körper zwei Preßvorgänge erforderlich macht, wie ein Beispiel (Abb. 46) zeigt, bei welchem gleichzeitig

die Ausführung von Matrize und Stempel zum zweiten Pressen mit
dargestellt ist.

Durch starke Kaltverformung wird aber das Material spröde.
Es müßte in solchen Fällen ein zweites Sintern stattfinden, wodurch
dann allerdings die Festigkeit und Dehnung wesentlich gesteigert
werden. Während normalerweise mit einer Festigkeit von etwa
3 bis 15 kg/mm² zu rechnen ist, kann diese durch ein zweifaches
Pressen und Sintern bis zu 30 kg/mm², in Einzelfällen auch noch
höher gesteigert werden.

### 2. Die mechanische Bearbeitung

Wie jeder Stahl, so läßt sich auch Sintereisen drehen, hobeln,
fräsen, bohren, schweißen und löten.

Selbstverständlich gehört bei den verschiedenen Dichten, mit
denen Sintereisen hergestellt werden kann, erst eine gewisse Ein-
arbeitung dazu, um die günstigsten Bearbeitungsbedingungen heraus-
zufinden. Nach dem Sintereisen-Lagerhandbuch von E. R o s e n t h a l
werden hierfür folgende Werte angegeben, die als Richtlinien dienen
mögen.

Freiwinkel 5—6⁰, Keilwinkel 76—80⁰, Spanwinkel 4—9⁰

|  | Beim Schruppen | Beim Schlichten |
|---|---|---|
| Schnittgeschwindigkeit . . | 150—200 m/Min. | |
| Vorschub . . . . . . . . . | bis 9,3 mm/Umdr. | 0,05—0,1 mm/Umdr. |
| Spantiefe . . . . . . . . . | bis 0,2 mm | 0,1 —0,5 mm |

Als Schneidstahl hat sich am besten Hartmetall nach Gruppe $G_1$
oder $H_1$ bewährt.

Erwähnt soll noch werden, daß das Material, besonders bei solchem
geringerer Dichte, beim Bohren auf der Austrittseite des Bohrers
und beim Drehen beim Auslaufen des Stahles an der Kante leicht
ausbröckelt. Das erstere kann durch eine geeignete Bohrvorrichtung,
das letztere, indem man den Stahl von der Kante aus ansetzt und
ihn in entgegengesetzter Richtung laufen läßt, leicht verhütet
werden.

Das Aufrollen eines Gewindes ist bei Sintereisen auch möglich
und bereits in der Massenfertigung durchgeführt worden. Der Aus-
gangsdurchmesser muß hierbei jedoch etwas kleiner als bei Stahl
gewählt werden.

Auf ein Merkblatt (Nr. 1, Januar 1948) zur Bearbeitung von Sintereisen, welches von der Beratungsstelle Pulvermetallurgie durch den Fachverband Sintereisen herausgegeben ist, sei hier besonders hingewiesen.

### 3. Die Einsatzhärtung

Auch die Einsatzhärtung kann bei Sintereisen durchgeführt werden. Das Einsetzen kann im Salzbad oder im üblichen Aufkohlungspulver erfolgen. Das letztere ist vorzuziehen, da das Salz in die porösen Teile eindringt und nach langer Zeit noch ausschwitzt. Das Härten in Natronlauge (8 %) gibt auch hier wie beim Stahl eine zunderfreie saubere Oberfläche. Es liegen jedoch noch keine Erfahrungen vor, wie sich die Natronlauge für lange Sicht auf die Haltbarkeit der Stücke auswirkt. Eine Ölhärtung kann jedenfalls als zuverlässiger angesprochen werden.

Die Eindringtiefe bei der Aufkohlung und die erreichbare Härte sind von der Dichte des einzusetzenden Stückes abhängig. Bei Stücken, die zweimal gepreßt und gesintert sind, können annähernd die Verhältnisse wie bei einem homogenen Stahl erreicht werden. So zeigt ein Körper nach Abb. 47 bei einem spezifischen Gewicht von 7,25 nach vierstündigem Einsatz im C 5-Bad bei einer Eindringtiefe von etwa 1 mm an der Oberfläche eine Härte von 51 bis 61 Rc.

Abb. 48 läßt die Eindringtiefe bei einem nur einmal gepreßten, stark porösen Körper bei gleicher Einsatzzeit im C 5-Bad erkennen. Die Einsatztiefe ist unregelmäßig. Wie mikroskopische Aufnahmen ermittelten, ist der Kohlenstoff hierbei bis in den Kern diffundiert. Die Oberflächenhärte ist aber entsprechend der großen Porosität gering.

Anfang 1945 wurden zur Überbrückung eines Engpasses an Rachenlehren solche aus Sintereisen hergestellt. Diese mit Öl getränkt, haben sich gut bewährt und haben sogar die Lebensdauer von einsatzgehärteten Stahllehren in vielen Fällen übertroffen. Sie hatten an den Meßflächen eine Rockwellhärte von 55 bis 60 Rc. Es haben beispielsweise eine übliche Stahllehre mit einer Meßflächenbreite von 5,7 mm bis zum Verschleiß 62 000 Körper gelehrt, was als Durchschnitt angesehen werden konnte, während eine solche aus Sintereisen mit einer Meßbreite von 6,3 mm 88 000 Körper lehrte. Eine weitere hatte über 120 000 Stück gelehrt.

Die Abb. 49 zeigt einige solcher Rachenlehren.

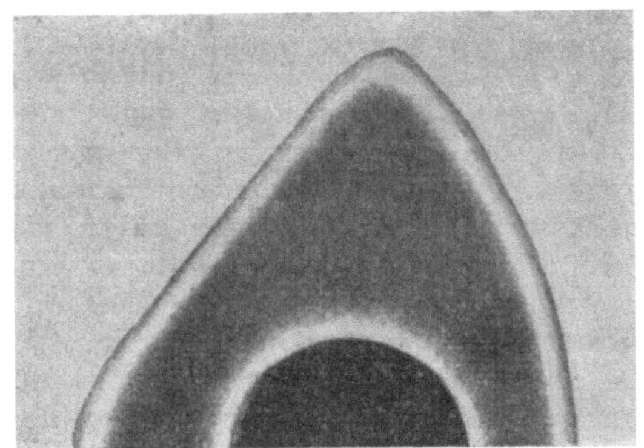

Abb 47

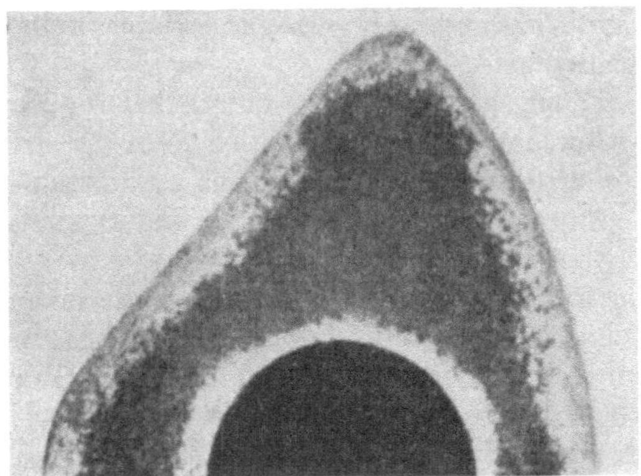

Abb. 48. Einsatzgehärtetes Sintereisen

Abb. 49. Rachenlehren aus Sintereisen

Nach dem Verlassen des Sinterofens besitzt das Sintereisen normalerweise ein silbergraues Aussehen. Nur wenn die Stücke in noch heißem Zustande bei zu frühem Öffnen des Sinterofens mit dem Sauerstoff der Luft in Berührung kommen, zeigen sie je nach der Temperatur, bei der dieses erfolgte, die üblichen Anlauffarben von strohgelb bis hellblau. Wie bei einem Stahl haben sich auch hier die angelaufenen Stücke als weniger rostempfindlich erwiesen als die blanken. Man könnte also auch ein nachträgliches Anlaufenlassen bis zu gewissen Temperaturen zur Verminderung der Rostgefahr anwenden. Als rostsicher kann dieses Mittel jedoch nicht angesprochen werden.

Je nach dem Verwendungszweck gibt es aber noch verschiedene andere Rostschutzmittel.

In vielen Fällen genügt schon ein Tränken in säurefreiem Öl. Zweckmäßig wird hierbei das Öl auf etwa 70 bis 80° erwärmt, damit es dünnflüssig wird und besser in die Poren eindringt.

Als sehr gutes Mittel, welches sich besonders für eine Massenfertigung mit kleinen Teilen eignet, hat sich das Bondern bewährt. Es muß aber für eine gute Austrocknung nach dem letzten Bade gesorgt werden. Da die Teile absolut fettfrei aus dem Sinterofen kommen, können die üblicherweise vor dem Bondern angewendeten Entfettungsbäder in Wegfall kommen.

Schließlich ist noch als gutes Rostschutzmittel ein farbloser Cellulose-Holzlack (Griffolit) zu erwähnen, der entweder in verdünntem Zustande ganz fein mit einer Spritzpistole aufgespritzt wird oder in welchen das Stück getaucht wird. Leider ist dieser Holzlack heute sehr schwer zu beschaffen und muß durch andere Farbmittel ersetzt werden.

Bei Teilen großer Dichte ist auch eine galvanische Oberflächenveredlung durch Verchromen, Vernickeln oder Verzinken möglich. Jedoch setzt dieses Verfahren eine gleichmäßige Dichte voraus, da das Stück sonst leicht fleckig und unansehnlich wird.

# VII. ANWENDUNGSGEBIETE

Das Sintereisen wird überall dort Eingang finden, wo es wegen seiner physikalischen Eigenschaften anderen Metallen gegenüber Vorteile besitzt, so z. B. wegen seiner Porosität, die es befähigt, Öl aufzunehmen und dieses zu gegebener Zeit wieder abzugeben, wodurch es zum idealen Lagerwerkstoff wird.

Ein großes Anwendungsgebiet findet das Sintereisen ferner als Austausch für Sparwerkstoffe, z. B. beim Montagehammer als Ersatz für Kupfer, Blei, Aluminium usw.; bei Dichtungsringen als Ersatz für Kupfer, Asbest, Blei, Klingerit; bei Kollektorlamellen als Ersatz für Kupfer; bei Schraubstockbackenfutter als Ersatz für Kupfer, Blei und Aluminium; bei kleinen Schneckenrädern als Ersatz für Rotguß und Bronze usw.

Als drittes Anwendungsgebiet kommen alle die Fälle in Betracht, bei denen durch das Fertigpressen auf Maß die spanabhebende Bearbeitung entweder ganz gespart oder vermindert wird, so daß hierdurch eine wirtschaftliche Fertigung bedingt ist.

Häufig kommen auch gleichzeitig mehrere dieser Punkte auf einmal zur Anwendung.

Selbstverständlich ist, daß eine Sintereisenfertigung immer nur dann in Frage kommt, wenn die verlangte Stückzahl die Anfertigung eines Gesenkes rechtfertigt.

Die Normung des Sintereisens ist durch den Fachverband Sintereisen bereits in Angriff genommen. Diese unterscheidet in der Hauptsache drei Klassen, nämlich die mit einem spezifischen Gewicht unter 5,5, mit einem solchen zwischen 5,5 und 6,5 und die mit solchem größer als 6,5.

# SACHVERZEICHNIS